東南アジア、日本の水産技術協力

―参加と持続性を促すアプローチ―

山尾　政博

はじめに

　第2次大戦後、日本は水産分野における国際技術協力を積極的に進めた。それは食料増産の必要性を背景に、自国の遠洋漁業船団が操業するための漁場を確保する狙いから、企画・実施されたという経緯がある。今でも当時の名残を色濃く残す国際協力の場面、関係者の発想に出くわすことがある。

　しかし、1970年代から90年代にかけて、アジア開発途上地域から日本の技術協力に対する要請内容には大きな変化がみられた。漁撈技術に対する要請が激減し、養殖業の振興、水産開発に必要な科学技術分野での協力、高度な食品製造業に対応する技術の移転、食品の安全衛生に関する調査研究、資源管理や水産業振興に関する政策、漁港・市場などのインフラ施設への投資と管理、総合的な漁村振興方策など、要請内容はしだいに複雑多岐になっている。今日では水産分野独自の技術協力よりも、地域社会への貢献に関わる内容、自然環境と調和させた水産業の発展を目指した技術協力にシフトしている。

　一方、日本では水産業及び関連産業の衰退が著しく、国際協力の場で中核的な役割を果たしてきた高度専門技術者の数が激減し、食品関連産業でも以前のように現場に即応できる科学的知識と技術をもつ人材は少なくなった。水産系の大学・学部で教育を受ける学生はその数が減り、卒業しても水産分野に就職する割合は低下する一方である。日本の水産分野に従来型の国際協力に携われるほどの人材はもはやない、と言える。

　政策・行政分野でも同様である。確かに日本の水産政策及び行政による、水産業及び関連産業の振興に関する経験・知見の集積は膨大である。かつては、その一部がアジア開発途上国の水産開発に貢献する場面が見られた。だが今日、アジア開発途上国はもとより、タイ、ベトナム、インドネシア、フィリピンなどの水産先進国に対し、政策的助言で影響力をもつのは欧米諸国である。水産業及び関連産業の分野における国際協力は、もはや個別産業分野の科学的知識や技術的蓄積だけで成り立つものではなく、高度に発展し、複雑化したグローバル経済システムのなかで機能する総合的なものが求められている。残念ながら、日本の水産分野の技術協力で対応できるレベルをはるかに超えている。

　技術分野にしても政策・行政分野にしても、現在では、中国及び東南アジアに

よって構成される東アジア水産先進地域から日本が学ぶべき分野や事柄のほうが多くなっている。これらのアジア水産先進国は、従来の枠組みにこだわらない最新の科学的知見や技術を導入し、産業を動かしていく際に求められる様々な世界標準に対して柔軟に対応している。最近では、日本が持ち込もうとする技術協力が、時代遅れ、的外れであるとの認識を抱かれることは少なくない。

　本書を企画した背景には、以上のような筆者の事実認識と問題意識が強く働いている。

　日本の水産分野の技術協力が相手国の実情や要請に合致しにくくなっているのは確かである。だが、地域漁業の振興や貧困削減といった相手国の主体性を踏まえた分野では十分に貢献する場面はまだある。それは水産分野というより、水産業を含む地域社会に関する協力であることが多いように思う。本書が扱うのは、そうした分野の技術協力のプロジェクトの活動内容である。ただ、地域社会に関する支援内容には社会文化的な要素が色濃く反映されるため、プロジェクトの案件形成や運営には想像以上の難しさがある。

　日本の技術協力プロジェクトの計画・実施過程に関する分析、さらには事後評価手法やその妥当性に関する研究は少なくない。また、JICA(国際協力機構)、開発援助機関、さらには NGO が行うプロジェクトの案件形成の際に行われる開発調査や事前評価は、そのマニュアル化が進み、地域の複雑な事情や対象分野の問題状況は把握しやすくなっている。ただ、PDM（Project Design Matrix）等には盛り込まれにくい対象地域の社会文化的な事情、対象資源及びそれをとりまく生態系がもつ特徴、さらには受け皿（カウンターパート）の抱える事情は様々である。水産分野ではそれらの与件をどのように扱うか、体系だった議論がなされていないようにも思われる。

　本書は、筆者が関わることができた水産分野の国際協力プロジェクト等の形成過程の特徴を分析し、当該地域の水産業及び漁村社会の発展にいかに貢献したか（貢献できなかったかも含む）、を明らかにすることを企図したものである。

　本書の構成は大まかには三つによって構成される。

　事例分析に先立って第 1 章では、2010 年に JICA が設定した課題別指針をもとに、日本の水産分野の技術協力の特徴を分析した。漁業（水産）開発から漁村

開発へとシフトした戦略がとられるようになり、漁村の振興を軸に、水産資源の保全管理の活動を組み立てるという枠組みになった。この段階では、技術協力の成果を持続的にするために、キャパシティー・ディベロップメントが重視されるようになった。

　２章及び３章は、従来の淡水養殖普及支援と異なり、淡水養殖普及の実質的な担い手になる種苗生産農家を対象にした技術協力を取り上げた。農民間普及(Farmer-to-Farmer) の手法を応用しながら彼らが周辺農家に種苗を安定的に供給し、あわせて飼養及び池管理技術などを普及する。いわゆる、地方分権型の水産業振興と生計向上活動を組み合わせた技術協力である。カンボジア、ラオス、マダガスカルの事例を取り上げた。農民間普及の手法が養殖分野にマニュアル化されて、国際協力の現場で活かされた点に大きな特徴がある。

　４章と５章では、フィリピンのパナイ島にて実施された「イロイロ州地域活性化・LGU クラスター開発プロジェクト」を対象に、その成果を多角的な視点から検討した。フィリピンでは、地方分権化が進み、様々な権限と責任が地方自治体 (Local Government Unit、LGU) に委譲されている。しかし、規模の小さいLGU が単独で沿岸域管理を実施するのが難しいため、複数の LGU が協力して資源管理組織を設立する動きがあった。また、半閉鎖性海域など隣接する LGU が共同で管理しなければならない海域では、こうした連携が効果的と判断された。プロジェクトが支援対象とした、バナテ湾・バロタックビエホ湾の資源管理組織は LGU の水産行政を担い、広域管理を行った。なお、筆者はプロジェクト開始前から、そして終了後も、この地域で長年にわたって定点調査を続けている。より包括的に日本の技術協力の貢献を検討できる位置にいる。

　第６章は、バナテ湾、バロタックビエホ湾で実施されている沿岸域資源管理に関わる取り締まり活動を対象にした調査分析である。沿岸域での違法操業が絶えない地域では、資源利用計画を策定するよりも取締の強化を優先すべきだとする意見が少なくない。また、取締のあり方はしばしば地方政治の争点になり、同地で実施された JICA プロジェクトにも少なからず影響を与えた。違法漁業をどのように取り締まるかについて合意を得ることは容易ではない。自治体の沿岸域資源管理計画に取締体制の充実が含まれてはいるが、監視機関（バンタイ・ダガットと呼ばれる）には十分な装備も、取締船すら持たないことがある。ただ、十分な体制が整っていないなかでも、沿岸域資源の持続的利用の実現を社会正義ととらえて活動を続ける人々や組織がある。本章は、バナテ湾、バロタックビエホ湾

の沿岸域資源の利用実態を監視活動の視点から紹介し、JICA プロジェクトの位置付けを考えてみたい。

　第 7 章はまとめである。本書が取り扱うのは、日本が世界各地で実施してきた水産分野の技術協力のほんの一部にすぎないが、今後の水産協力のあり方を検討する際の助言のようなものを含めてみた。参考にしていただければ幸いである。

　これまで国際協力の現場では様々な方々にお教えいただき、中でも、JICA で水産関係のプロジェクトに長年にわたって携わってこられた方々には大変お世話になった。開発途上国の水産業と漁村社会についてはもとより、技術協力の進め方、プロジェクトの組み方など、多岐にわたる内容を学ぶことができた。

　なお、本書を作成するにあたり、国際協力の現場に私が立ち会い、経験したプロジェクト活動の一端から得た内容をもとにしている。ただ、本書で紹介するプロジェクトについて分析する視点も内容も、私の責任の範囲内にとどまるものである。

　本書は、筆者が実施した平成 25 年度〜平成 27 年度科学研究費補助金基盤研究（C）一般（課題番号 25450345、代表者：山尾政博）の研究成果を踏まえたものである。正式な研究タイトルは、「日本の水産技術協力プロジェクトの形成・実施過程の特徴と地域漁業」、である。また、本書を出版するにあたり、平成 31 年度科学研究費助成事業研究成果公開促進費（課題番号 19HP5224、代表者：山尾政博）の支援を賜った。記して感謝したい。

山尾　政博

第1章　水産分野における国際協力と課題

1. はじめに

　本章の目的は、最近の日本の水産分野における国際協力を概観し、その特徴を明らかにすることである。国際協力の範囲は広く、政府が行うものから、NGO や個人単位で実施するものまで多彩である。本章が扱うのは、「開発途上地域の開発を主たる目的とする政府及び政府関係機関による国際協力活動」と定義される政府開発援助（Official Development Assistance, ODA）である。ODA は無償資金協力と技術協力からなっているが、以下では、水産分野 [1] を対象にした技術協力を分析の対象にした。

　具体的な課題は、第 1 に、日本の水産分野の国際協力が水産業の海外進出と深く関わって進められてきた点、水産外交ときわめて深い関係があることを明らかにする。第 2 に、主に 2000 年以降の技術協力の動向とその特徴について明らかにする。第 3 には、日本政府の開発協力大綱、国際連合（以下、国連）のミレニアム宣言 (MDGs、Millennium Development Goals)、国連サミット（Social Development Goals, SDGs）などと関連づけて、水産分野の技術協力がどのような展開過程をたどり、どのような方向をめざしていたかを検討する。

　以下では、JICA、外務省、農林水産省などが公表している資料、特に JICA の水産分野の課題別指針（2010 年版；2010 年～ 2015 年を対象）や関連資料に依拠し、あわせて関係者からの聞き取りを含めて検討を進めた。なお、本章の草稿作成時点では課題別指針の見直しが行われてい

たため、2015 年時点の見直しとそれにもとづく活動状況については正確に把握することができなかった。そのため本章に最新の内容を反映できるように、時期をみて改めて検討することにしたい。

2. 水産外交から出発した国際協力

（1）海外漁業の維持と水産外交

　第2次大戦後、日本の水産業は増大する国内水産物需要に応えるべく、漁業生産手段を拡大し、生産力の技術革新をはかって世界の海を自国の漁場としていった。日本の漁業生産量はピークの 1984 年（昭和 59 年）には 1282 万トンであった。だが 2017 年（平成 29 年）は 431 万トン、自給率は約 55% と推計される。これほど大きく生産量が変動した最大の要因は、海外漁業の拡大と急激な縮小によるものである。

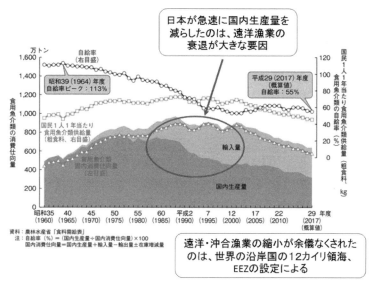

図1－1　日本の漁業生産量と輸入量の推移

資料：水産白書（2018 年度版）に加筆・修正

　世界の海洋秩序が国連海洋法条約によって、200 カイリ体制に移行した 1970 年代から 80 年代にかけて、日本の遠洋漁業船は沿岸国から締め出された。その結果、生産量が大幅に減少し、それを補完するように輸入水産物が激増していった。海をめぐる国際利用秩序の劇的な変化のなかで、当初、日本は海外漁業を維持し、食料としての水産物をいかに確保するかに腐心することになった。

　資源と漁場の確保のために様々な水産外交が展開されたが、開発途上国が対象となる場合には、入漁料支払いに加えて、水産業の発展のために必要な港湾倉庫施設などインフラストラクチャへの支援が不可欠であった。

（2）水産無償資金協力（水産無償）の独自性

　一般に、政府開発援助（以下、ODA と略す）は、二国間援助と国際機関に対する拠出である多国間援助から構成されている。二国間援助は、「贈与」と「政府貸付等（有償資金協力）」に分けることができる。このうち、贈与は無償で提供される協力のことで、「無償資金協力」と「技術協力」がある[2]。当然、水産分野の贈与も、水産無償資金協力（以下、水産無償、と略す）と技術協力からなっている。

　しかし、水産無償は他の一般無償とは区別されて扱われてきた経緯がある。水産無償が設置されたのは 1973 年だが、2008 年に JICA にその所管が移されるまで、外務省の下で運用されてきた。水産無償の目的は、水産開発を目指す開発途上国の要請に応じて、必要と判断されたプロジェクトに対して無償資金協力を行うことを目的にしている。この点では、他の無償資金協力と同じだが、援助対象国の選定については、日本との漁業分野における関係がまず考慮されるのを特徴としている（外務省（2012））。また、一般無償の援助対象国が開発途上国であるのに対し、水産無償の援助先は世界中に広がりをみせたのである。

　水産無償が一般無償とは切り離されて扱われてきたのは、「外交の一

元化」を主張する外務省と、海外漁場の確保と漁業協力を一体的に推進していくことを主張する農林水産省の水産庁との妥協の産物だと言われる（海外漁業協力財団（1993）、山尾（2005））[3]。第 2 次大戦後に日本の海外漁業は急速な発展をみたが、1960 年代以降、国連海洋法条約の成立に向けた動きが活発になり、世界的には沿岸域資源に対する権利主張が強くなった。漁場と資源を確保する必要性が増した日本は、当事国との交渉を進めるための潤滑油として水産無償を用いるようになった。水産無償は、実質的には入漁料の一部としてその役割を果たすようになった。

　水産分野の国際協力は、必ずしも被援助国の水産業の発展を目的にしたものではなかった点に特徴がある。資源と漁場の確保が狙いであり、沿岸国が要求する入漁条件がエスカレートした場合など、援助の供与と増額が入漁条件の一部に組み込まれることはごく普通であった。入漁料が日本の漁業企業にとって重い負担になるのを避ける狙いがあった。

　今一つ、水産分野の国際協力は、「鯨外交」の一環として扱われることが多々あった。周知のように、国際捕鯨委員会 (IWC) における世界の大勢は日本が提案する商業捕鯨に否定的であり、調査捕鯨についてもその中止が求められてきた。その流れに抵抗してきた日本は、国際的な場において捕鯨支持を鮮明に打ち出す国々への支援を水産無償という形で提供してきた。

　したがって、日本の水産分野における国際協力は、開発途上国が必要とする水産業の発展を目指したものに加えて、資源と漁場の確保を狙いとした二元的な内容を備えていたのである。

3. 複雑化する国際協力の現場

（1）開発協力大綱と MDGs

　水産分野はもとより、ODA の実施は 1992 年に閣議決定された政府開発援助大綱（2003 年に改訂）、現在は、2015 年に閣議決定された開

発協力大綱にもとづいて行われる。水産無償もこの枠組みの下にあるが、既に述べたように日本の水産開発の事情に強く影響されてきた。2008年に水産無償の所管が JICA に移されたが、そのスキームは無償資金協力のひとつとして運用されている[4]。支援対象国は、太平洋島しょ地域などの小さな島しょ国が含まれるとともに、世界的に広がっている。支援内容は、施設・機材が占める割合が高いのが特徴である。

　一方、同じ無償資金協力でも技術協力では様子が相当に異なっている。協力内容が、開発協力大綱に加えて、2000 年 9 月に開催された国連ミレニアム・サミットによって採択された国連ミレニアム (MDGs、Millenium Development Goals) 宣言を基調にしている。この宣言では、極度の貧困と飢餓の撲滅、環境の持続可能性確保、開発のためのグローバルなパートナシップの推進、など 8 つの目標を掲げて、具体的な 21 のターゲットと 60 の指標が設定された。ただ、MDGs は貧困の撲滅に重点を置いていたことから、水産に関する言及は「7.4 安全な生態系限界内での漁獲資源の割合」（指標）にほぼ限られるが、日本はもとより世界の援助プロジェクト形成の際には宣言全体の内容が反映されている。

（2）2010 年の水産課題別指針の特徴

　JICA では 2005 年に水産課題別指針を策定したが、その内容は、図1-2 に示したように 8 つの分野に及ぶ包括的なものであった。

　8 つの分野の技術協力がどのように推移したかをみると、1970 年代の国際協力が本格化した時代には、漁労技術の移転、漁具・漁船の供与等の漁獲漁業に関する技術協力が中心であった。日本が水産物輸入を拡大していた 1970 年代から 80 年にかけて、開発途上国の漁獲漁業の生産力増強に貢献する技術協力と、水産物輸出を支えるためのインフラ整備に対する協力が重要案件であった。それ以降は協力分野が、養殖、水産加工、資源管理、流通のような順で技術協力の幅が広がっていった。水産行政に関する支援は 1980 年代後半から始まり、環境保全や漁村開

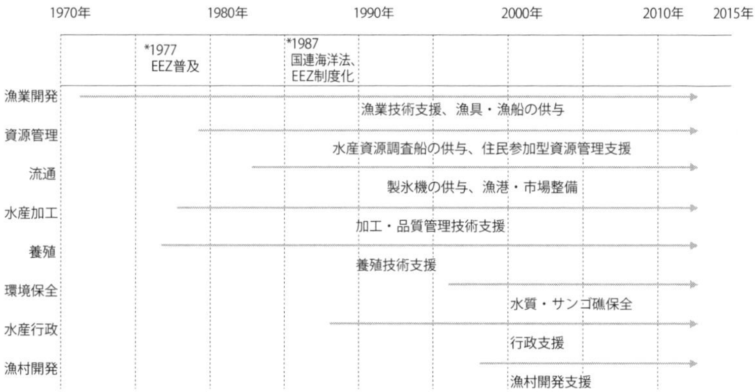

注：プロジェクトの種類を明確に区分するのは難しい場合がある。最近になるほど、
様々な分野を網羅した技術協力になる傾向が強くなる。
資料:JICA 2010.「課題別指針：水産」に一部加筆

図1-2　JICAの水産プロジェクト推移

発については1990年代半ば以降に活発になった。水産分野の技術協力の推移の特徴は、漁獲漁業に関する協力から養殖・加工へとシフトし、資源管理や漁村開発の比重が高くなっていることである。

大きな特徴は、こうした協力分野の推移が日本の水産業の構造変化と無関係ではないこと、むしろ色濃く反映した内容になっていることである。漁獲漁業に関する協力が減少したのは、開発途上国において漁船や漁具の近代化が進み、生産性の高い漁労技術が普及・定着したことにもよるが、他方、日本の技術協力の担い手（主に水産企業出身の専門家）が確保できなくなったことが原因のひとつである。これは大手水産系企業が漁獲部門から撤退したことと関係している。

2000年を相前後して、社会開発分野の比重が高くなっているのが伺える。漁村開発に加えて、水産行政に関する支援がみられるようになった。

こうした協力内容の変化はJICAの機構改革、業務改革の進展とも関わっている。

JICAは第2期中期計画（平成19年～平成24年）期間中に、技術協

力、有償資金協力、無償資金協力の一体化をはかり、援助事業のプログラム化を進めた。地域事務所の機能が強化され、開発政策に即したプログラムが企画・立案された。2010年の課題別指針では、JICAの中期目標にそった整理が行われ、水産分野の技術協力は、「漁業開発」から「漁村開発」へとシフトしていった[5]。水産業そのものの発展を重視したものから、地域開発のなかに水産業を位置ける方向がより鮮明になったのである。

　一方、JICA内部では地域対応を軸にした機構改革が行われ、本部から地域事務所にその役割移管が進み、技術協力全体の内容やプロジェクト形成については、専門的な視点だけからの判断ではなく、当該国の地域社会全体への裨益という視点が強くなった[6]。案件を形成する際には戦略的に、選択と集中によって決められるようになった。また、日本の産業構造、社会構造が急速に変化し、水産業が衰退過程を辿ったことから、日本側に強みのある案件が優先的に選ばれるようになった。

（3）2010年課題別指針にみる水産分野の特徴

　2010年に示された課題別指針では、スキーム全体の統一があり、2005年の8分野を大きく3つの開発戦略目標に集約した。1）活力ある漁村の振興、2）安定した食料の供給、3）水産資源の保全管理、の3つがそれである。それぞれの戦略に対応する中間目標が設定され、さらにそれらを細分化したサブ目標が設けられた。

　3つの開発戦略の関係を示したのが図1-3である。既述のように、この指針では、漁業（水産）開発から漁村開発へとシフトした戦略がとられるようになり、1）を軸にしながら3）に該当する活動を組み立てるという活動になった。注目されるのは、目標に基づいて実施される技術協力の成果を持続させるために、キャパシティー・ディベロップメントを重視しているという点である。

　MDGsが掲げた貧困撲滅に対応したものであるが、貧困を半減させる

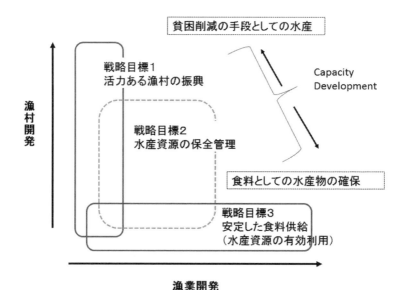

図 1-3　3 つの開発戦略と漁村開発、漁業開発の関係性

資料：JICA 2010.「課題別指針：水産」より

ことを目標としたこともあって、漁村の貧困削減までは対象になりにくかった。貧困削減だけを対象にした活動だけがプロジェクトが形成されるわけではなく、目標 2 ないしは目標 3 との組み合わせによって、貧困削減が図られることになった。

（4）中間目標との整合性

　表 1- 1 に示したように、開発戦略目標は 3 ～ 4 つの中間目標によって構成される。目標 1 は、収入の増大、収入源の多角化、漁村の生活改善を主な内容としているが、表からわかるように、目標 2 の内容と重なるところがある。目標 3 の資源管理と保全活動を中心にした活動は、目標 1 の生計向上と一体化させて運営されるケースが増えている。

　これらの中間目標と実際の案件がどの程度の整合性をもって実施され

表 1-1 2010 年の水産課題の体系図

開発戦略目標	中間目標	中間目標のサブ目標
1 活力ある漁村の振興	1-1 漁業収入の増大	漁獲量の増大、漁獲物価格の適正化・価値の工場、漁業経費の削減
	1-2 収入源の多角化	養殖による収入の増大、加工による収入増大、漁業以外の収入増大
	1-3 漁村の生活改善	漁村インフラの整備と環境保全、漁民の組織化、漁民の組織化
2 安定した食料の供給	2-1 漁業生産量の増大	適切な漁業技術の開発、適切な漁業技術の普及、無駄となる漁獲物の軽減
	2-2 水産養殖の振興	粗放的養殖の振興、集約的養殖の振興
	2-3 水産食品の安全対策と品質管理	食品品質保証・管理体制の強化、食の安全性に関する教育・普及活動
	2-4 水産加工・流通の改善と漁業基盤整備	漁獲物処理・鮮度保持技術の向上、水産加工技術の向上、漁港・魚市場等流通施設の整備、魚食の普及
3 水産資源の保全管理	3-1 水産資源評価	資源調査体制の確立、評価方法の確立、漁業統計収集体制の確立
	3-2 漁業管理	漁獲許容量の設定、管理規則の策定、施行体制の策定、資源管理に対する意識の向上
	3-3 漁場環境保全	環境モニタリング体制の確立、環境法の整備、環境保全に対する意識の向上、水域環境の改善・修復・造成
	3-4 資源増殖の取り組み	栽培漁業技術の確立、種苗生産・放流

資料：JICA（2010）「課題別指針：水産」より作成

たかについては、プロジェクト活動の内容を調べなければならない。ただ、2010 年前後には機構改革と業務改革が実施された時期であり、プロジェクトの案件形成はこれまでのように分野別に簡単に整理されたものではなくなっていた。後の章で分析の対象とするフィリピンの沿岸域資源管理に関するプロジェクトのように、水産分野には分類されていないものもあった。

活動のプログラム化

この時期には個々の活動の成果を集約してプログラム化を推進する方向が示された。水産無償、草の根無償、コミュニティー開発支援、NGO 等との幅広い連携も視野にいれた活動が目指された。技術協力プロジェ

クトの周辺地域や分野には海外青年協力隊員が派遣されるなど、成果を
確実にするための柔軟な対応がみられるようになった。また、プロジェ
クトの現場では他のドナーとの協力関係も模索された。このように、プ
ロジェクトを計画・実施するにあたり、分野にこだわらない柔軟な対応
がみられるとともに、技術協力の新しいあり方が模索されるようになっ
たのが大きな特徴である。

選択と集中：養殖分野に特化した協力

　2014 年、2015 年には水産分野の技術協力プロジェクトが 12 あっ
たが、その内訳は漁業・資源管理が 2 件、水産加工・流通 3 件、これ
に対して養殖関連分野が 7 件とやや突出していた。養殖に集中する傾
向にあるのは、農村地帯における内水面養殖普及、養殖の技術開発に関
する協力が本格化したことによる。地域的にはアジアの割合が少なくな
り、アフリカが技術協力の主な対象になっていた。

　個別派遣の専門家として 10 人が派遣されているが、行政が 6 人、流
通加工が 4 人とこの二つの分野に集中している。また、地球規模課題
対応国際科学技術協力プログラム（Science and Technology Research
Partnership for Sustainable Development：SATREPS）[7] に分類される
水産分野の協力 4 件は、すべて養殖であった。

4.SDGs の実現を目指した新たな指針

　2015 年 2 月、政府は開発協力大綱を発表し、開発協力において経済
成長を重視し、戦略性と日本の強みをいかしながら、バリューチェーン
に対する支援を強く押し出した。水産分野においても今後はより市場志
向性の強い支援活動が実施されることになる。一方、同年に国連サミッ
トで採択された SDGs では、ゴール 14 に「持続可能な開発のための海
洋および海洋資源の保全と持続的利用」が設定されており、水産資源の
保全と持続的な利用と水産業の成長による貧困削減が目指されている[8]。

具体的には、JICA は生態系の保全、水産資源の適切な管理、持続性のある漁業、持続的な養殖業と品質保証、付加価値を増大させる流通加工、漁村と漁民の生活改善、などを柱として活動することにした。

　協力支援を受ける側の途上国の水産業の発展は目覚ましく、協力要請の内容は次第に高度化している。輸出志向型水産業の発展に必要なインフラストラクチャや技術に加え、高度な養殖技術及び知識の移転に対する需要も強くなっている。その一方、低開発国の貧困農村地域を対象に内水面養殖を普及するための種苗生産体制の確立をめざす技術支援に対する要望など、より実践的な活動要請がある。必要とされる協力内容は複雑化しており、縮小再編過程にある日本の水産業界、および大学・試験研究機関では応えられない領域が増えている。水産分野の技術革新が進むアジア諸国など、第 3 国との連携を前提にした技術協力が求められている。

　以上を踏まえると、今後の日本の水産分野の技術協力は、日本が開発・維持してきた独自の技術やシステムを、開発途上国に移転しやすいスタンダードな内容に換えていけるかどうかにかかっている、と言える。

註：
1）JICA の課題別指針においては、水産分野とは、海洋、淡水に生息する水産資源を開発、利用する水産業に関する分野である。
2）外務省の WEB、日本の政府開発援助（ODA）の説明より。http://www.mofa. go.jp/mofaj/gaiko/oda/about/oda/oda_keitai.html（2019 年 6 月 30 日確認）
3）水産無償の設置に伴って、当初は、海外漁業協力財団の機能の中にこれを含める構想があった。最終的には、農林省（当時）の予算の中から外務省の所管に繰り入れられた。当時の事情については、次の文献を参照のこと。海外漁業協力財団（1993）『海外漁業協力財団 20 年の歩み』海外漁業協力財団，105-107
4）外務省　2012.水産無償資金協力に関する評価（第 3 者評価）、株式会社野村総合研究所。以下の URL で閲覧可能（2019 年 4 月 30 日確認）。http://www.mofa.go.jp/mofaj/gaiko/oda/shiryo/hyouka/kunibetu/gai/suisan/

pdfs/sk11_00_01.pdf

5）この点については、JICA の関係者からの聞き取り調査等によって確認した（2015年 12 月実施）。

6）水産分野では専門的に扱う部署が他に吸収されたことから、案件形成力が弱まったようにみえる。

7）詳しくは JICA の WEB を参照。http://www.jica.go.jp/activities/schemes/science（2019 年 6 月 30 日確認）。JST(独立行政法人科学技術振興機構) と JICA が連携して、科学技術の競争的研究資金と ODA を組み合わせて、開発途上国のニーズに基づき、地球規模課題の解決と将来的な社会実装に向けた国際共同研究を推進するのを目的としている。JST の WEB にも同様の説明があるので以下を参照のこと。https://www.jst.go.jp/pr/info/info800/sankou.html（2019 年 6 月30 日確認）

8）ゴール 14 への対応については以下の URL を参照のこと。https://www.jica.go.jp/activities/issues/fishery/ku57pq00002cuc56-att/sdgs_goal_14.pdf（2019 年 6 月 30 日確認)

参考文献：

海外漁業協力財団（1993）『海外漁業協力財団 20 年の歩み』海外漁業協力財団、p.105-107

外務省（2012）『水産無償資金協力に関する評価（第 3 者評価）』株式会社野村総合研究所
https://www.mofa.go.jp/mofaj/gaiko/oda/shiryo/hyouka/kunibetu/gai/suisan/sk11_01_index.html　（2019 年 4 月 30 日確認)

JICA（2010）「課題別指針：水産」
https://www.jica.go.jp/activities/issues/fishery/ku57pq00002cuc56-att/guideline_fishery.pdf　（2109 年 4 月 30 日確認)

JICA（2018）国際協力機構年次報告書　2018

山尾政博（2005）「水産業の国際化と技術協力」『漁業経済研究の成果と展望』成山堂書店

第2章　淡水養殖業の普及にみる日本の水産協力の新たな発展

1. 普及からのアプローチ

　本章の目的は、国際協力機構（JICA）がアジア・アフリカの貧困農村地帯で取り組んでいる淡水養殖普及プロジェクトの事例を紹介し、活動の特徴と成果を明らかにすることである。

　2000年代に入り、JICAは東南アジアのラオスとカンボジアで淡水養殖の技術改善と普及に関する技術協力を本格化させた。アジアの農村開発の現場では、淡水養殖は貧困削減と住民の栄養改善をはかるために有効な手段であると認識、期待されていた。政府が農家に稚魚を提供し、庭先、農地、水路など小さな空間を利用する簡易な養殖は早くから行われていた。貯水池やダムなどに大量の稚魚を放流する事業も盛んであった。ただ、一方的に稚魚を供給する事業は漁獲漁業を促すだけであり、持続的な養殖業を農村社会に根付かせるものではなかった。

　どのようなアプローチをとれば淡水養殖が普及するのか。その成功モデルを提案したのが、2005年2月にカンボジアで開始された「カンボジア王国淡水養殖改善・普及計画」（Freshwater Aquaculture Improvement and Extension Project in Cambodia、以下FAIEX）であった。

　カンボジアのFAIEXが注目されたのは、次のような理由による。第1は、公共の試験研究機関や養殖普及センターなどを拠点にしたこれまでの養殖技術普及方式を修正し、種苗生産農家の育成と、彼らを通じた一般農家（世帯）への養殖普及を計画・実施したことである。この普及方式は、稲作などの農業分野ではすでに実施されていた農民間普及

（Farmer-to-Farmer、FTF）を養殖に応用したものとして画期的であった。

　第2に、ティラピアの他は在来魚種を対象種としてとりあげ、給餌にできるだけ費用をかけない方法にするなど、貧困な農村地帯に普及しやすい技術パッケージを作ったことである。第3に、種苗生産と養殖普及の広がりを起点に、様々な周辺活動をプロジェクトに盛り込んだことである。プロジェクト対象地域にある共有池や学校池を利用した放流活動、貯水池やダムで行われる漁獲漁業のための資源増殖、種苗生産農家が参加する協同活動組織やネットワークの育成、マイクロ・ファイナンスなども実施された。

　第4に、これが最も注目された理由であるが、FAIEX での成功体験をもとにプロジェクトがマニュアル化され、他地域・他国に普及しやすいプログラムとして確立されたことである。

　前章で述べたように、2014 年から 2015 年に実施された技術協力プロジェクト 12 のうち、6 つが淡水養殖に関するものであった。JICA がこの分野にいかに力を入れてきたかがわかる。

　以下では、淡水養殖普及の 3 つのプロジェクトを取り上げ、それぞれの特徴を明らかにし、成果と課題について検討する。対象にしたプロジェクトは、カンボジアの FAIEX　Phase I（以下では、Phase I を省略する）、ラオスで実施した「南部山岳丘陵地域生計向上プロジェクト 」（Livelihood Improvement Project for Southern Mountainous and Plateau Area、以下 LIPS と略す）に含まれる淡水養殖普及活動、マダガスカルの「北西部マジュンガ地区ティラピア養殖普及を通じた村落開発プロジェクト」（Rural Development Project through the Diffusion of Aquaculture of Tilapia in the Region of Boeny、Mahajanga、 以 下 PATIMA と略す）、である。この三つのプロジェクトを分析対象にしたのは、いずれも筆者が現地を訪問して視察した経験をもっていたことによる。カンボジアの FAIEX には終了時評価、マダガスカルの PATIMA には中間評価と終了時評価等を行うミッションに参加する機会を得た。

ラオスの LIPS には JICA ラオス事務所のご協力を得て、2015 年 1 月末から 2 月にかけて調査することができた。

　分析のために用いた資料は、JICA が WEB 等で公開してきたプロジェクトの事前調査、中間評価、最終評価報告書等であり、その他にプロジェクトが発行したニュースやパンフレットも参考にした。なお、プロジェクト資料を用いてはいるが、以下の分析の責任の全ては筆者にあることを予め明記しておきたい。

2. カンボジア王国淡水養殖改善・普及計画（FAIEX-Phase I）

─　農民間普及の成功体験とモデル化　─

（1）FAIEX の活動の概要

　FAIEX[1] プロジェクトは 2005 年 2 月から 2010 年 2 月までの 5 年間にわたって実施された。プロジェクト対象地は、プレイベン、タケオ、カンポット、コンポンスの南部 4 州であった（図 2 － 1 参照）。

　表 2 － 1 のプロジェクト目標が示したように、プロジェクトは小規模

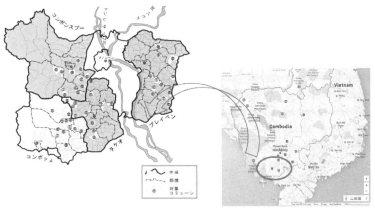

図 2-1　プロジェクト対象地域の地図

資料：ＪＩＣＡ（2009）

表 2-1　FAIEX-Phase 1 のプロジェクト目標

上位目標	対象地域において、養殖生産量が増加する。
プロジェクト目標	対象地域において、小規模養殖技術が広く普及する。
成果（アウトプット）	1）既存小規模養殖農民の技術改善により、種苗生産農家が育成される。 2）小規模養殖技術とその普及手法が、改善される。 3）プロジェクト対象地域で、貧困農民が裨益する養殖関連活動が振興される。 4）農村部における養殖普及ネットワークが構築される。

資料：JICA（2009）により作成

　養殖が広く普及することを目標に掲げ、4 つの成果（アウトプット）を掲げて活動に取り組んだ。

　JICA（2009）『終了時評価調査報告書』によると、プロジェクトの第 1 の成果は、既存の小規模養殖農民の技術改善をはかり、周辺の農家に安定して種苗を供給できる中核的農家を育成することである。目標農家数を 20 戸としたが、最終的には 47 戸に達した。第 2 の成果は、低コストの小規模養殖技術をパッケージ化し、また、周辺の農民が容易に養殖に取り組める普及手法を確立することであった。第 3 の成果は、種苗生産と養殖業が盛んになることによって、共有池事業における稚魚放流や資源管理に代表される様々な活動が行われるようになった。第 4 の成果は、プロジェクトが育成した 47 戸の種苗生産農家と既存の種苗生産農家がネットワーク組織を作り、技術交流、情報交換、種苗や親魚の融通、共同販売、マイクロ・ファイナンスなど、多彩な活動を行うことであった。

　プロジェクトで普及対象になった魚種は、シルバーバーブ（Barbonymus gonionotus）、ハクレン（Hypophthalmichthys molitrix）、コイ（Cyprinus carpio）、ティラピア（Oreochromis niloticus）の 4 種であったが、実際の養殖ではムリガルやパンガシウス、ヒレナマズ、キノボリウオなども飼養された。カンボジアの小規模内水面養殖では混養が一般的である。

　プロジェクトの詳しい設計、活動、投入等については省略し、以下ではこのプロジェクトの特徴と成果について検討する。

（2）　３段階にわたる養殖普及のパッケージ化

　FAIEX の大きな特徴は、種苗生産農家の育成を活動の核とし、３段階にわたる養殖普及過程を実施したことである。それは、１）プロジェクト専門家から政府職員、４州の普及員に対する技術移転、２）政府職員・普及員から種苗生産農家への技術移転、３）種苗生産農家のイニシアティブによる一般農家への技術普及、である（図２－２参照）。プロジェクトが主に担当するのは、１）と２）であり、３）の農民間普及を担うのは育成対象となる種苗生産農家である。

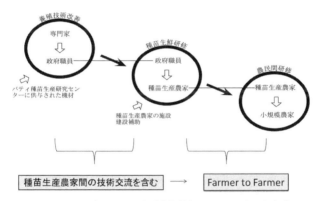

図 2-2　フェーズ１にみる３段階技術移転のシステム作りと実践、
農民間技術普及の奨励・支援

資料 : (JICA 2009). 終了時評価報告書資料に加筆

　こうした３段階の技術移転が必要とされた背景には、当時のカンボジアでは政府の種苗センターが十分に機能しておらず、従来のセンター拠点方式による技術協力では小規模淡水養殖の普及がきわめて難しい状況にあったことによる。種苗センターの施設拡充や職員の技術力向上を主な目的に、プロジェクトを企画することも可能だったが、農村において小規模養殖を普及するには効果的ではないと判断された。そのため中

核的種苗生産農家を育成していく "Village hatchery" 方式が採用された。この場合、稲作など農業を主業とする種苗生産農家が、訓練及び技術移転の対象になった。

（3）中核的種苗生産農家の育成と役割

　プロジェクトの対象地域では、種苗生産農家が種苗を安定的に供給できるようになり、その波及効果はきわめて大きかった。種苗生産農家 1 戸当たりの顧客数は、最も少ないコンポンスプーでも 121 人、最も多いタケオでは 289 人に及んだ（JICA（2009））。種苗生産農家が居住するコミューン内はもとより、他の地域にも販売ネットワークが広がったのである。プロジェクトが農民間普及の手法を取り入れたことにより、養殖を始める農家が増え、種苗生産農家が種苗を販売しやすい環境が生まれた。

　種苗生産農家はプロジェクトの支援を受けながら、養殖に取り組む農民のために研修会を開催し、また個別でも顧客の養殖技術・環境について助言・指導を行った。その結果、プロジェクト期間中に約 9,000 戸の農家が養殖を始め、 1 戸当たり平均約 100kg の魚を収穫できるようになった（JICA（2009））。

　2009 年の終了時評価の時点で、カンボジア国内には 165 の "local village hatcheries"（農村種苗生産施設）があることが確認されたが、そのうちの 48 戸がプロジェクトによって育成された種苗生産農家であった。FAIEX がカンボジアの淡水養殖普及にいかに貢献したかがよくわかる。対象地域においては、淡水養殖に取り組む農家が増えることによって、農村住民の栄養改善がはかられ、所得の向上にもつながった、と評価された（JICA（2009））。

（4）プロジェクトの成功を支えた条件

　中間評価、終了時評価が述べたように、本プロジェクトが当初の計画

通りに目標を達成できたのは、緻密な事前調査による計画、ベースライン調査による活動指針、専門家とカウンターパートとの良好な協力関係があったからに他ならない。ただ、それ以外にも次のような要因が働いていた。

第1には、プロジェクト対象地域はもともと雨季を利用した稲作が盛んで、増水にともなう淡水漁獲漁業と水田養殖が伝統的に行われていた。農家は、乾季には水が不足するのに備えて庭先にため池を掘り、生活用水、農業用水として利用するほか、魚養殖にも利用していた。池は多目的に利用される生活・生産手段であった。

第2は、プロジェクトが普及したパッケージ技術が、有用な資源を総合的に利用しようとする農家の動きに合致していたことである。農家は、稲作を主業としながら、生産の不安定さと零細さを克服するために、牛・豚・家禽の飼育、野菜や果樹などを庭先で作付し、生計の多角化・複合化をはかってきた。直接には現金収入につながらなくても、家族労働力を活用して生活改善に貢献できる生計活動には積極的である。家畜の堆肥、米ヌカ、野菜残さ、水草等を利用した簡単な給餌による養殖手法は、潜在的な資源を有効に利用しようとする農家の生計戦略に適したものであった。

第3には、中核的農家が備えていた企業家的性格を引出し、これら農家の種苗生産に対する思い切った投資を誘発したことである。プロジェクトが選定した種苗生産農家には、500ドルが支給されたが、それは必要投資金額の3分の1程度にすぎなかった。残りは農家自らが資金を調達する必要があった。種苗生産農家の多くは、経営の多角化・複合化に取り組んでおり、他のビジネスと同様な感覚で養殖を開始できる資金力と能力を備えていたのである。

第4には、種苗生産農家の多くが、過去に何らかの形で養殖に関わった経験をもっていた。対象地域には、アジア工科大学（AIT）を始めとする援助機関による養殖普及活動に参加した農家が存在していた。また、

以前から小規模な養殖に取り組んでいた農家もいた。過去の養殖経験の上に、FAIEX による体系的な種苗生産技術の移転が実施されたのである。

（5）種苗生産の産地化と販売活動

　プロジェクトの進展にともなって種苗生産農家が生産規模を拡大し、対象地域では種苗生産の産地化が急速に進んだ。タケオ州では、既存の種苗生産農家による産地化の動きは以前からあったが、これに新たにプロジェクト支援を受けた 12 戸の種苗生産農家が加わった。プロジェクト終了時には、タケオ州の種苗生産農家は州内の近隣農家に種苗を供給する一方で、遠隔地から訪れる養殖業者の種苗買付にも対応できるまでに生産を拡大させていた。同地は交通の便がよいことに加えて、種苗生産農家が集中して立地する「集積メリット」が働き、産地拡大のメカニズムが動き始めたのである。他の州でも同様に、地域外から種苗を買付に来る養殖業者や商人が増えた。

　FAIEX の初期段階では、種苗生産農家の販売範囲はコミューンの内部に限られ、その需要は限られていた。それを補ったのが、各地で公共的な目的で種苗が購入されるきっかけを作った "One commune、One refuge pond"（1 村 1 池）の支援政策と住民運動であった（JICA(2009))。貧困削減と栄養改善を目的に、公有池をコミューンが管理し、そこに稚魚や新魚を放流するという自治体や NGO のプロジェクトが増えた。学校池での養殖活動も広がりをみせた。こうした公的機関による需要の増大に支えられて、種苗生産経営が安定するようになった。

　なお、種苗生産農家はネットワークを組織し、技術、市場等の情報交換をはかった。ネットワークに参加して種苗生産技術を高めた農家は少なくない。また、種苗や親魚の融通が農家間で行われた。

　FAIEX の成功は、プロジェクト目標の設定の的確さ、ち密な活動計画、段階を踏んだ技術移転、養殖農民の経済的インセンティブになるような

普及活動など、基本的には主体的な要因によるものである。加えて、淡水養殖を普及するための好条件が整っており、それらが技術協力プロジェクトの開始によって相乗効果を発揮したのである。プロジェクト実施地域はモンスーン稲作地帯であり、伝統的に淡水漁獲漁業が盛んであった。プロジェクトが農村ハッチェリーを振興することによって、住民は容易に養殖業を開始することができたのである。農民間普及という手法の的確さはもちろんだが、何よりも安価な種苗が近隣の種苗生産農家から安定的に供給されるようになったという経済効果が高く評価されてよい。対象4州では、伝統的な淡水漁業と庭先養殖が存在してきた地域だからこそ、農民間普及という手法が効果を発揮したのである。

3. マダガスカル、北西部マジュンガ地区ティラピア養殖普及（PATIMA）

－脆弱な普及システム下の農民間普及―

（1）プロジェクトの背景

　JICA（2014）によれば、マダガスカルでは、国民の70%以上が農業に従事し、農村地域に居住している。農村住民の貧困率は80%を超えており、貧困対策が重要な課題になっている。プロジェクトが対象とするブエニ県はマダガスカルの北西部沿岸に位置している。同県の貧困率は約72%と国の平均を下回るが、農業生産性は低く、漁業でもかつて盛んであったエビ養殖の不振が続いている（JICA(2011)）。貧困削減と住民の栄養改善が急務であり、淡水養殖の振興はその解決策の一つと考えられた。ブエニ県は年間平均気温が27度、年間降雨量が1,000-1,500mm、水田が広がる地域があるなど、淡水魚養殖に適した条件をもっている。

　北西部マジュンガ地区では、灌漑設備が整い、水の確保が比較的容易な地域においても、養殖業はほとんど育ってこなかった。淡水養殖が発展しなかった要因は様々だが、養殖生産が普及するための条件、特に種

苗生産技術が未発達であったことが大きいと考えられた。零細規模の淡水養殖を普及していく体制を、国、県、郡などが整備してこなかったことも一因である。

　北西部マジュンガ地区で、淡水養殖を普及させる意義は、第1に、安価な動物性たんぱく質である淡水魚の供給量を増やし、地域住民の食料の安全保障を確保すること。第2に、地域住民が小規模な養殖業に取り組み、就業と収入の多角化をはかり、生計向上を実現すること。第3には、未利用な地域資源を活用する低コスト型養殖を普及させ、複合的な農業・養殖業経営のモデルを作ることである。問題は、質のよい種苗を安価に生産・供給できる体制をいかに整えるか、また、一般農家に飼養技術をどのように普及していくかである。

　PATIMAは、種苗センターを支援する手法をとらず、種苗を供給する中核農家を育成することに重点をおいた。種苗生産農家が顧客である一般農家に養殖技術や知識を提供し、養殖普及をより効率的に行おうというものである。いわゆる農民間普及（FTF）を採用した。カンボジア等

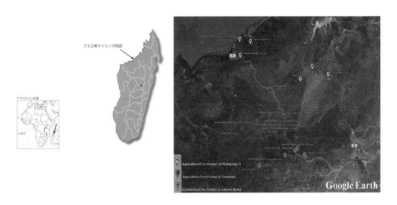

図2-3　PATIMA対象地区の位置図

資料：JICAのWEBより

http://www.jica.go.jp/oda/project/_component/r7mcj0000000ch0g-att/map_0700691.pdf

で実施した養殖普及に関する技術協力の経験を踏まえ、種苗生産農家によるマーケティング手法を組み込んだ、普及システムだと言える。

（2）プロジェクトの特徴

　カンボジアの FAIEX では複数魚種を普及対象としたが、PATIMA では対象魚種をティラピアに絞った。これは、対象地域では魚類養殖に関する知識や技術が十分に蓄積されていないことに加え、同国の試験研究機関が十分には機能してこなかったという条件を踏まえたものである。また、民間の養殖企業の活動も低調であった。結局、淡水養殖普及を担えるのは、プロジェクトで育成される種苗生産農家にほぼ限られることになった。中核農家が種苗を供給しつつ、一般農家に養殖に必要な知識や技術を提供するのが最も効果的だと判断されたのである。

　後に述べるが、PATIMA は FAIEX と比べて格段に条件不利な中で、内水面養殖が普及する基盤作りを求められたのである。

　図２－４に示したのは PATIMA の初期の普及体制である。2009 年に行われた省庁編成により、農畜水産省から分離されて漁業・水産資源

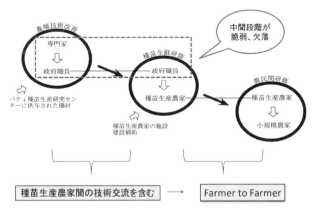

図 2-4　普及の中間段階を欠いたアプローチ

資料：JICA (2009). 終了時評価報告書資料に加筆

省ができた。ブエニ県では、漁業・水産資源省の地方機関である漁業・水産資源地方局が、水産分野の技術に関する政策を担当しているだけで、技術スタッフは 1 人のみであった（JICA（2014））。同地方局にカウンターパートになる職員が配置されたが、プロジェクト活動を進めるには脆弱な体制であった。ここでは、専門家が種苗生産農家（候補）を直接に技術指導する場面が増えたことは容易に想像できる。

　カンボジアの FAIEX では、農民間普及に入る前の中間段階が機能し、また、農民間普及を支える国や州の支援が働いていた。これに対してマダガスカルでは、図 2 － 5 に示したように、専門家自らが普及システムに深く関与せざるをえなかった。FAIEX と比較すると、農民間普及システムを機能させる条件が厳しすぎた、と言える。

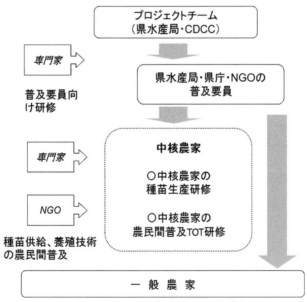

図 2-5　PATIMA 普及活動のステップ

資料：JICA（2012）に一部加筆・修正した。

（3）第3段階の進捗の遅れ

　表2－2に示した、成果1の適合した種苗生産技術が開発される、成果2の適合した養殖技術が実践される、については終了時に目標を達成

表2-2　PATIMA のプロジェクト目標

上位目標	ティラピア養殖普及を通じ、プロジェクト対象地域の農家の生計が向上する。
プロジェクト目標	ティラピア養殖普及システムが、対象地域において構築される。
成果1　対象地域の状況に適合した種苗生産技術が開発される。	1）ティラピアの種苗生産と供給に関する現状と課題を明らかにする。　2）ティラピア種苗生産に係る既存の技術を整理する。 3）ティラピア種苗生産に係る技術試験を CDCC の施設において行う。 4）パイロット農家を選定し、同農家においてティラピア種苗生産技術に係る実証試験を行う。 5）対象地域に適合するティラピア種苗生産に係る技術パッケージ、及び普及教材を開発する。 6）普及員及び中核農家向け、研修カリキュラム・教材を作成する。
成果2　対象地域の状況に適合した養殖技術が実践される。	1）対象地域における、ティラピア養殖の現状と課題を明らかにする。　2）対象地域に適合する養殖技術を特定する。 3）養殖技術に係る技術パッケージ・普及教材を作成する。　4）パイロット普及活動の対象となるコミューン及び農家を選定する。 5）養殖技術に係るパイロット普及活動を実施する。　6）パイロット普及活動の結果を分析し、技術パッケージ・普及教材を改良する。 7）普及員及び中核農家向け、研修カリキュラム・教材を作成する。
成果3　普及員の能力が強化される。	1）対象となる普及員を選定し、技術及び普及に係る能力の現状と課題を分析する。　2）対象郡毎に普及チームを形成する。 3）普及チームにより郡毎の養殖普及計画が立案される。 4）普及チーム（主に普及員）に対し、中核農家育成及び一般農家への養殖普及の支援をするためのトレーナー研修（Training of Trainers：TOT）を実施する。 5）研修結果を分析し、研修カリキュラム・教材を改善する。
成果4　農民から農民への普及アプローチが開発される。	1）対象コミューン及び種苗生産の条件を備えた中核農家を選定する。　2）中核農家に対し、種苗生産技術の研修を実施する。 3）中核農家に対し、小規模孵化施設の設置のために必要な支援を行う。　4）中核農家に対し、周辺農家に養殖を普及するためのトレーナー研修（TOT）を実施する。　5）中核農家による、周辺農家への種苗の供給及び養殖技術の普及を支援する。　6）研修・普及活動の結果を分析し、技術パッケージ・研修教材等を改良する。
成果5　県ティラピア養殖開発計画が策定される。	1）プロジェクト対象地域におけるティラピア養殖開発計画案（関係機関の役割と機能、予算と人員配置を含む）を策定する。 2）プロジェクトの成果を踏まえ、県ティラピア養殖開発計画を改善する。

資料：JICA（2014）

したとの評価であった（JICA (2014b)）[2]。成果 3 の普及員の能力強化に
ついては、プロジェクト開始当初は遅れがみられたが、スタッフの配置
がその後進んで体制的には整った。しかし、普及業務を担っていたのは
プロジェクトが雇用した契約 NGO スタッフの 3 人であり、プロジェク
ト終了後も引き続き担当するかどうか不明であった。もちろん、中核種
苗生産農家の育成が進み、農民間普及が広がれば第 1 段階は必要なくな
る。しかし、プロジェクト活動の持続性、他の地域への養殖普及を考え
れば、十分に体制が整った状態ではなかった。

　成果 4 の農民間普及アプローチが開発される、ティラピア養殖が広が
るかどうかについては十分達成できたとはいえなかった（終了時評価実
施の時点）。種苗生産が安定し、一般農家に訓練活動を行った種苗生産
農家はあるが、まだ生産を開始していない種苗農家があり、あるいは、
種苗生産量にはバラつきがあった。第 3 段階を特徴づける農民間普及は
実施されていたが、まだ一般養殖農家の需要を喚起し、それが種苗販売
に結びつくまでにはいたっていなかった。なお、プロジェクト終了時に
は、池を掘削する農家が増え始めていた。種苗に対する需要は今後増え
ると予想された。

（4）プロジェクトの進捗状況と他地区への応用可能性

　種苗生産農家の育成を柱にしたプロジェクトの成否は、中核的農家が
種苗生産技術を習得し、安定して種苗を生産し、一般農家に種苗を供給
できるようになるかどうかにかかっている。上記に述べたように、種苗
生産を行っていない中核農家がある他、すでに種苗生産を開始していて
も経験が浅く、生産が安定していない農家がかなりあった。池の掘削か
ら始まり、親魚飼育・管理、種苗飼育といった一連の流れに対応しきれ
ていない段階である。したがって、プロジェクトは課題をまだ残していた。

　問題は、マダガスカル側が、プロジェクト終了後に中核的種苗生産農
家の育成に、継続的に取り組める体制にあるかどうかという点にある。

　県職員や普及員の配置が少ないなか、ローカル NGO と協力して、種苗生産農家を育成し、一般養殖農家数を増やした点は、PATIMA の大きな成果である。ただ、その体制を整えるまでに時間を要し、結果的にはプロジェクト終了時に種苗生産農家に対する技術移転が終わらず、そのため一般農家への普及が十分には進まなかった。図2－4 で示したように、普及体制の中間段階を欠いた国・地域では、FAIEX のような外部支援体制が準備されれば農民間普及は進むが、そうでない場合はかなり難しいことがわかる。このプロジェクトは、普及体制や養殖センターがほぼ機能しない状態では、農民間普及にもとづく養殖普及を行うのが容易ではないことを示している。

　検討しなければならないのは、プロジェクト実施期間が 3.5 年間と短かった点についてである。終了時完了報告書が指摘したように、養殖普及体制が未整備な地域、しかも養殖の歴史が浅い地域に養殖を根付かせるには 3.5 年間はやはり短い。中核養殖農家が、種苗生産と販売ができるようになったのは 3 年目になってからであった（JICA（2014））。

　ちなみに、終了時に養殖活動に参加していた農家は 319 戸であった。したがって、普及体制が十分に整っていない地域では、比較的長いスパンのプロジェクト活動を想定しておかなければならない。カンボジアの FAIEX の場合、プロジェクト期間は 5 年間であり、しかも、事前準備や他の国際援助機関による類似の活動があったことを踏まえると、種苗生産農家の育成に余裕をもって取り組めた。FAIEX の経験にもとづき、技術プロジェクトのパッケージ化がなされたとは言え、成果を達成するためには、地域・国の条件に合致するような段階、人材、それに時間的余裕が求められる。

4. ラオス、南部山岳丘陵地域生計向上プロジェクト（LIPS）

―クラスター・アプローチと融合した養殖普及―

（1）生計向上のための普及活動

　ラオス人民民主共和国（以下、ラオスと略す）において実施された本プロジェクトは、FAIEX や PATIMA とはやや異なっていた。それは、畜産と養殖に関する技術普及をプロジェクト活動の対象とする一方、ク

図2-6　LIPS プロジェクトの対象地域

資料：JICA（2010）

http://libopac.jica.go.jp/images/report/12032892.pdf

ラスター・アプローチという手法と農民間普及を組み合わせた普及体制の構築を目指したことである。LIPS のプロジェクト期間は 2010 年 11 月から 2015 年 11 月までの 5 年間である [3]。カウンターパートは農林省畜水産局（DLF）、対象地域の県と郡事務所になる。プロジェクト実施地域は、アッタプー、サラワン、セコン、チャンパサックの南部 4 県である。

　JICA は、ラオスにおいてすでに養殖改善・普及計画（Aquaculture Improvement and Extension Project、AIEP) を 2001 年 3 月 から 2004 年 3 月、2005 年 4 月から 2010 年 3 月までの二つのフェーズにわたって実施してきた。すでに農民間普及の手法を導入していたが、LIPS はその流れを引き継ぎ、畜産を新たに加えたものである。

　山岳丘陵地帯の貧困地帯で行う生計向上プロジェクトは、畜産、養殖、複合農業などを一体化させることによって、住民に多様な選択肢を提供できると考えられた。従来のプロジェクトが特定技術の普及・定着を目指していたのに対し、クラスター・アプローチによる普及システムの確立に重点を置いた設計である。この点は、プロジェクトの上位目標、目標、4 つの成果をみれば容易に推察される。ただ、プロジェクトの運営という点では、活動が 3 分野に分かれたために、効率的かどうかには疑問が残る。

（2）クラスター・アプローチと農民間普及

　LIPS のプロジェクト目標は、2008 年にラオス政府がクラスターに力を入れ始めたことと関係している。第 7 次国家社会経済開発計画（The Seventh Five-year National Socio-Economic Development Plan、2011-2015）は、"Kumban"（クラスター）と呼ばれる数か村から 15 村くらいまでを束ねた地域社会開発の手法を取り入れた [4]。ラオスの地方行政は県―郡―村という機構になっているが、郡の範囲では大きすぎ、逆に村だと小さすぎる。そこで、郡と村との間に介在して、クラスターのよ

表 2-3　LIPS のプロジェクト目標

上位目標	適正技術の普及を通じて、南部 4 県における地域住民の生計が向上する。
プロジェクト目標	適正技術の普及を通じて、対象クラスター内の農家の生計が向上する。
成果 1　対象クラスター開発に必要な支援システムが整備される。	1）対象クラスター、中核的農家・グループ候補を調査・特定する。 2）現地の状況にあった適正技術を特定する。3）クラスター開発と適正技術について、PAFO、DAFO、TSC 職員に研修を実施する。 4）参加機関の役割と責任について合意形成を図る。5）普及活動に必要な施設・機材を整備する。 6）ベースライン調査を実施する。ティラピアの種苗生産と供給に関する現状と課題を明らかにする。
成果 2　イニシャル・クラスターにおいて適正技術の導入・普及が実践される。	1）イニシャル・クラスターを選定する。 2）中核的農家・グループの役割・責任を明確化する。 3）中核的農家・グループへの技術支援と研修を実施し、彼らが普及員として他の村人に普及活動を行うことを支援する。 4）イニシャル・クラスターでの活動をモニタリングし、プロセスを文章化する。
成果 3　イニシャル・クラスターの経験・好事例が他の対象クラスターに適用される。	1）他対象クラスターへの普及モデルの展開計画を策定する。 2）展開クラスターにプロジェクトの成果を広報する（コンサルテーション、視察等）3）展開対象クラスターでの普及活動を支援する。 4）展開対象クラスターでの活動をモニタリングし、プロセスを文書化する。
成果 4　プロジェクトの成果が関連機関（畜水産局（DLF）、農林業普及局（NAFES）、南部 4 県農林局（PAFO）/郡農林事務所（DAFO））に認知される。	1）エンドライン調査を実施する。 2）クラスター普及モデルに関するハンドブック、好事例集を作成する。 3）プロジェクトの成果を印刷物、ウェブサイト等で広報する。 4）プロジェクトの成果と成果品をセミナー、ワークショップ等で発表する。対象コミューン及び種苗生産の条件を備えた中核農家を選定する。

資料 :JICA http://www.jica.go.jp/project/laos/007/outline/index.html　（2019 年 6 月 30 日確認）

　うな束ねが必要だと判断されたのである。LIPS も、当時のラオス政府の開発政策にあわせる形で、クラスターを単位とした活動内容が計画された。

　ただ、クラスターには農林水産業を専門とする職員が配置されていたわけではなかった。クラスターに養殖施設をもつ技術サービスセンター（Technical Service Center、TSC）があれば、クラスターが受け皿になって養殖普及を行うことは可能であった。だがこの場合でも、クラスターに配置されたのは県と郡の職員であり、LIPS のカウンターパートと同じであった。

　クラスター内でどのように普及活動を行ったかについては、資料だけ

では確認しにくい。中間レビュー調査報告書（JICA 2013: iv、22）によれば、プロジェクトの前半は「村落開発アプローチ」に基づいた活動に終始し、クラスターワイドな開発ではなかったとのコメントが記されている。これは、農民間普及が進展していなかったために、本来なら村の範囲を超えて広がる養殖普及が狭い範囲に留まったと、ということであろう。そのため、まとまった規模で住民の「生計向上」が実現される見込みは高くない、と判断された（JICA(2013)）。

LIPS の普及対象魚種は、コモン・カープ、シルバーバーブ、アメリカン・キャットフィッシュ、ティラピア、インディアン・カープである。

図２－７に示したように、第１段階は専門家（JICA 専門家及び畜水産局）から政府職員、第２段階は県の職員から郡の職員へ、さらに郡の職員から種苗生産農家、第３段階は種苗生産農家から一般農家、という流れになる。ラオスでは県の普及員から郡の普及員というプロセスが強調されたのは、プロジェクトの前半では日本人専門家を中心にした活動に重きがあったが、半ば以降には対象４県の農林水産事務所（Provincial

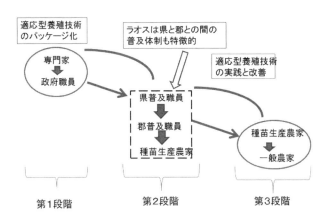

図 2-7　LIPS が想定した普及体制

資料：筆者作成

表2-4　地域別にみた中核農家数（家畜、魚類別）

単位：農家数

県	郡	牛	羊	豚	家禽	魚類	合計
Attapu	Sansai	0	2→1	1	4→5	1	8
	Phouvong	0→8	8→0	1	0	0	9
Champasak	Sukhuma	2	0	3	2	0	7
	Mounlapamok	4	1	1	1	2	9
Salawan	Laongam	0	0	6	4	2	12
	Taoy	0	5	1	4	0	10
Sekong	Laman	0	5	3	2	0	10
	Thateng	0	4	0	4	2	10
合計		6→14	25→16	16	21→22	7	75

注：矢印（→）は増減を示す。
資料：LIPS 提供

Agricultural and Forestry Office、PAFO）を主役にした取組になったことと関係している。PAFO は県レベルの活動をマネージメントする役割を果たした。一方、郡の農林水産事務所（District Agrcultural and Forestry Office、DAFO）の普及員には、農家に指導するという役割分担が課された。一般農家への養殖技術の移転を担うのは種苗生産農家であるが、プロジェクトでは彼らを対象に、技術移転と普及のための指導者研修を実施した。

　表2－4 は 2015 年の県別、郡別にみた中核農家数の分布である。畜産分野では数が増えているが、養殖では中核種苗生産農家の数は 7 軒とやや広がりにかけているように思える。ただ、これはプロジェクト期間半ば以降に育成した数であり、畜産分野の活動もあるため中核種苗生産農家の育成が遅れていると一概には言えない。

（3）中核的種苗生産農家の生産と普及

　プロジェクトに参加している中核的な種苗生産農家（後半に参加した 7 軒を対象）は、平均的にはコイ、ティラピア、シルバーバーブを養殖している。LIPS が中核農家を選定した際の基準の一つは、複数の池を所有することであった。平均で 3~4 池、多い農家だと 9~10 の池を所

有しているが、種苗生産量の差は大きく、１シーズン９万尾を生産する農家がいる一方、1,000~2,000 尾と極端に少ない生産量の農家もあった。LIPS では、45 日を単位に 1~2 万尾の生産を計画したのである。

親魚は、最初はプロジェクトが供与し、次のシーズンからは種苗生産農家が自分たちで調達することを原則としている。ただ、洪水被害を受けて親魚が流された農家には、プロジェクトが親魚を補填した。2015年２月当時、周辺の農家に種苗を販売していたのは２人のみであった。自然災害や個人の事情など様々な阻害要因はあるが、プロジェクトでは農民間普及に積極的な農家は 3~5 軒あると判断している（表２－５参照）。

表 2-5　種苗生産農家の農民間普及に対する姿勢

	きわめて積極的	積極的	普通	あまり積極的でない	まったく積極的でない	計
農家数	1	2	2	1	1	7

資料：2015 年聞き取り調査により筆者作成

種苗生産技術の習得状況は、数万尾単位で生産・販売しており、良好と判断できる農家が７戸中２戸、種苗生産はできるが販売ができていない農家が２戸、資機材や親魚は調達しているが、種苗生産はこれからという農家は２戸であった。したがって、波及効果という点ではまだこれからである。

（４）普及活動の広がりと課題

本プロジェクトは前半と後半でかなり枠組みを変えている。前半はクラスター・アプローチという開発政策の流れの中でプロジェクトをどう位置付けるかという難しさがあった。しかし、プロジェクトが対象とする中核農家の育成は、村落開発方式とみなされるものであり、クラスター

のように広がりを欠いたものであるとの指摘があった（JICA(2013)）。

　ラオス全体の開発政策の枠組みが、クラスター・アプローチから3-Build方式と呼ばれる県―郡―村に移行したため、中核農家は郡レベルで位置付けられるようになった。農民間普及の実施だけを考えると、どちらにも合致できそうだが、図2－7に示したように行政的な役割ががはっきりしないクラスターよりは、普及行政に組み込みやすくなった。ただし、PDMにはクラスター開発を目標と成果のなかに組み込んでおり、実質的な変更を余儀なくされたのではないか、と思われる。なお、現在の開発政策は選択と集中という考え方をとっており、Focal villegesという拠点を作り、そこに基幹的な施設を集めて、その周辺には簡単な施設を配置するという方式に切り替わっている。

　JICAの終了時評価（2015年実施）によれば、プロジェクト終了時に養殖種苗生産を行っていたのは、選定された中核的農家10戸のうち4戸のみであった。養殖普及の成果を判断するのは難しいが[5]、実際の裨益農家数は多くはなかったと思われる。LIPSだけではなく他の類似のプロジェクトでも、中核農家の生産を安定させることがまず優先されることになる。一般農家に養殖を普及していくには、研修活動を繰り返し行う必要がある。中間評価では、プロジェクトがまとまった規模の住民の生計向上に結びつく可能性は高くない、との評価があった。これは、魚類の自家消費額がどこまで向上して、家計の現金支出を抑えたとかいう指標をみれば、ある程度は判断できると思われる。

　ラオス貧困農村における淡水養殖の課題は、適応技術の開発とパッケージ化を前提にして、種苗生産農家を育成して種苗を安定的に供給することであり、それを支える普及体制を確立することであった。種苗生産のビジネス・モデルの利益率が高ければ、今後の養殖普及が期待できるが、終了時の時点ではやや広がりに欠けていた。LIPS以前の養殖普及プロジェクトの成果を見る限り、経済性の高い魚種の種苗を確保することが容易になれば、池は増えていくだろう。

5. 農民間普及を利用した淡水養殖普及の意義

　以上、三つの技術協力プロジェクトの概要を簡単に紹介したが、いずれの地域も淡水養殖を普及させる経済的意義は大きく、地域住民の期待も大きいものがあった。

　最も成功したと思われる FAIEX では、プロジェクトが意図した通りに、種苗生産者の育成が進み、養殖農家が増えた。プロジェクト対象地域は、カンボジア国内にあって重要な淡水養殖産地になっている。一般農家の生計向上に役立つとともに、種苗生産者の経営が企業的に発展を遂げているケースもみられる。一方、マダガスカルやラオスではまだ本格的な発展にまでは時間がかかりそうだが、規模は零細でも生計向上に役立ちつつある。種苗生産農家の生計活動の幅を広げるのに貢献し、一般養殖農家が動物性蛋白質を摂取するのを助けつつ、消費支出を抑えている効果が見られる。

　種苗生産の不安定さが淡水養殖の発展を阻害する要因になっている地域では、これまで公的機関や試験場が種苗供給を担うケースが少なくなかった。しかし、センター型の養殖普及は、費用的にも人材的にも維持するのが容易ではなかった。そこで、民間の人材・技術・資金をうまく活用しながら、経営として成り立つ種苗生産業を育成しようというプロジェクトは妥当性の高いものであった。貧困農村にあって零細な規模で限られた魚種の種苗を提供する経営体の育成こそが効果的な養殖普及になるというスキームである。現地に適応可能な技術パッケージを習得し、その技術と知識を種苗とともに一般農家に提供するという、経営者の成長を促すというのが内容である。

　各国で実施されたプロジェクトの成果と課題を踏まえ、広く応用可能なマニュアルが策定され、貧困な農村社会に広く普及されることが期待されている。

謝辞：

　本章を作成するにあたり、JICA 関係者の皆様、関係プロジェクトの専門家・調整員の皆様には大変お世話になりました。特に、JICA 国際協力専門員千頭聡氏には多くのことを教わるとともに、淡水養殖プロジェクトの現場にご一緒させていただきました。記して深謝いたします。

註：
1）FAIEX の Phase II が 2011 年 3 月から 2015 年 2 月にかけて、プルサット州、バッタンバン州、シェムリアップ州を対象地に実施された。
2）終了時評価報告書に含まれる「終了時評価調査結果要約表」にもとづく。
3）事前及び中間レビュー調査結果、終了時評価報告書は JICA の WEB 上に公開されている資料を用いた。
4）第 7 次計画において "Kumban" は明確に定義されているわけではないが、"some groups of villege" という表現を用いている（第 7 次計画、p.14）
5）2013 年には豪雨による親魚の流失があり、翌年には種苗生産が休止になった。また、台風災害が発生し、いくつかの対象サイトでは養殖池の水没、親魚・稚魚の流失があったと報告されている（JICA (2015)）。

参考文献：(国別に表記)
カンボジア
　JICA(2008). カンボジア王国淡水養殖改善・普及計画運営指導（中間評価）調査報告書、1-102.
　JICA（2009）. カンボジア王国淡水養殖改善・普及計画終了時評価報告書、1-107
マダガスカル
　JICA（2011）. マダガスカル共和国北西部マジュンガ地区ティラピア養殖普及を通じた村落開発プロジェクト詳細計画策定調査報告書、1-172

JICA（2014a）. マダガスカル国北西部マジュンガ地区ティラピア養殖普及を通じた村落開発プロジェクト中間レビュー調査報告書、1-88

JICA（2014b）. マダガスカル国北西部マジュンガ地区ティラピア養殖普及を通じた村落開発プロジェクト事業完了報告書、1-131

ラオス

JICA（2010）. ラオス国 南部山岳丘陵地域 生計向上プロジェクト 詳細計画策定調査報告書、1-88

JICA (2013). ラオス人民民主共和国南部山岳丘陵地域生計向上プロジェクト中間レビュー調査報告書、1-106

JICA（2015）. ラオス人民民主共和国南部山岳丘陵地域生計向上プロジェクト終了時調査報告書、1-138

3章　貧困農村地帯における淡水養殖の振興

― 養殖未発達地域における種苗生産経営の育成 ―

1. はじめに

　本章では、2章で紹介した3つの事例を踏まえて、カンボジアの淡水養殖改善普及プロジェクトのフェーズ1（FAIEX―1、と略す）とフェーズ2（FAIEX－2、と略す）に焦点を絞り、農民間普及を活動の柱とした淡水養殖プロジェクトの特徴と期待された効果についてさらに検討を進めたい。具体的には、まず、種苗生産農家から一般農家へという農民間普及の経済的意義について検討する。ついで、農民間普及の発展系が新たなプロジェクト活動として位置付けられているが、その可能性について検討してみる。以上を踏まえて、広く養殖産業の育成という視点からみて、種苗生産農家の育成は、今後どのような方向を歩むべきかを明らかにしたい。

2. FAIEX の経験を踏まえた農民間普及の前進

（1）カンボジアにみる農民間普及

　2章で紹介した FAIEX―1 に続き、2011年3月から2015年2月までの4年間にわたってフェーズ2が実施された。このプロジェクトの終了時評価報告書がすでに公開されており、活動の成果等については把握できる。

　JICA の水産分野の技術協力においては、淡水養殖普及の比重が高くなっているが、農民間普及のような費用のかからない手法が求められていた。中央政府、試験研究機関、普及機関、種苗センター等を対象とした従来型の技術協力手法では効果があがりにくいと考えられてきた。

FAIEX―1 は、JICA がアジア・アフリカの農村各地で実施する淡水養殖
普及プロジェクトのモデルを提供し、FAIEX―2 は、農民間普及が養殖
普及のために有効なモデルであることを証明しようとしたのである。

（2）効果的な普及体制がもたらした投資行動

　FAIEX－2は、一般養殖農家への淡水魚養殖を普及させることを最終
目標とし、安価で質のよい種苗を生産・販売するための技術移転をはか
ることを活動の中心に据えた。FAIEX‐1 と同様に、二つのタイプの
普及システムを整備し、その機能を高めるための活動を行った。ひとつ
は、中央政府及び地方行政が担う普及システムの不構築であり、今ひと
つは、種苗生産農家が一般養殖農家に種苗の供給とともに行う技術普及
の向上である。後者が、いわゆる農民間普及（FTF）である。

　FAIEX―1 及び FAIEX―2 に参加する種苗生産農家の多くが生産技術
の習得に努めながら、池を中心とする施設投資を続けてきた。近隣の一
般農家に種苗を供給するとともに、他のコミューン、郡、時には州を越
えて販売チャネルを広げてきた。また、プロジェクト活動が対象としな
い魚種の種苗生産に取り組む者が少なくなかった。

　特に、規模の大きな種苗生産農家の投資行動が特徴的であった。生産
施設を拡大しながら、種苗生産を特定魚種に絞り、規模の経済を追求す
る動きがみられた。魚種は、キャット・フィッシュ、レッド・ティラピ
ラ、パンガシウスなど、市場性の高いものが中心である。マーケティン
グでは、広範囲にわたって点在するプロジェクト外の養殖農家、主に規
模の大きな養殖農家を対象にしていた。カンボジアでは、自家消費を目
的とする零細な養殖農家を対象にした種苗生産の段階から、商業的養殖
経営体向けの種苗供給に重きを置いた生産に移りつつあるものと思われ
た。こうした状況下、種苗生産農家の中には、企業的性格を備えた経営
体が成長してきたのである。

（3）種苗生産者が組織するネットワーク

　FAIEX—1 では、種苗生産者が参加するネットワークが設立されたが、その活動経験や成果は FAIEX—2 や他の国のプロジェクトにも採用された。当初、ネットワークは情報交換の場として機能を果たしていた。やがて、プロジェクトの進行にともなって、次のような活動の充実がはかられた。

　第1には、州内（周辺）の種苗生産農家間で技術上の諸問題を相談しあい、情報交換をはかりながら、技術の向上に努めたことである。プロジェクトが開催する研修会の他に、種苗生産農家自身による交流が日常的に行われていた。技術的に優れた種苗生産農家がリーダーとしての役割を果たしたことは言うまでもない。図3−1に示したように、普及の第2段階において、もうひとつの農民間普及（FTF）が種苗生産農家間に生まれたのである。この FTF は、種苗生産農家−一般養殖農家の縦の繋がりとは違い、同業者間の技術と経験の交流がはかられる場としてその役割を果たした。このネットワークによって、種苗生産農家自らに

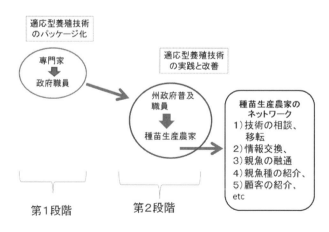

図 3-1　種苗生産農家によるネットワーク形成

資料 : 筆者作成

よって「適応型養殖技術」の開発が進められ、共有されることが期待された。

　第2に、ネットワーク内では親魚及び種苗の融通が頻繁に行われていた。洪水によって親魚が流出した種苗生産者は、プロジェクトから親魚供給の支援を受けるとともに、他の種苗生産農家からも親魚を融通してもらっていた。第3には、このネットワークは、種苗生産農家の間に一種の分業関係を成り立たせていたのである。プロジェクトの対象魚種を養殖する種苗生産者がいる一方、レッド・ティラピアやキャット・フィッシなどに生産を特化させる農家もいた。生産していない魚種の種苗を顧客から求められた際には、ネットワークを通じて調達することもできた。種苗が量的に不足する場合にも、ネットワークを通じて他の種苗生産農家から提供を受けていた。中には、種苗生産農家と養殖農家との取引を仲介する集荷商人のような役割を果たす者が現れた。このようにネットワークは、規模の経済が求められる種苗生産を補完するものとして機能したのである。

　以上のように、FAIEX—1からFAIEX—2に引き継がれたネットワーク活動は、プロジェクト側の期待をはるかに上回るものであり、種苗生産農家の自律発展性が高まっていたことが伺える。

3. 種苗の需要拡大と種苗生産経営の安定

（1）種苗生産農家による技術指導

　プロジェクトの対象地域では、種苗生産農家によって周辺の一般農家に対する指導が行われる。種苗生産農家はプロジェクトの支援を受けて研修会を開催する一方、日常的な販売活動のなかにも技術指導を取り入れる。新規に養殖を始める農家に対しては、池の掘削や構造について詳しく説明し、実際に現地にでかけて池等の条件を確認しながら、放流尾数や給餌に関する指導を行っていた。こうした地道な指導が実を結び、FAIEX—1及びFAIEX—2のいずれのケースでも、新規に養殖を始める

農家が着実に増えていった。

　養殖農家の多くは、池を一面だけ所有する零細な規模である。自家消費のための養殖である。カンボジアの農村市場では、天然魚を漁獲できる雨季以外には鮮魚の流通量が極端に少なくなり、代わりに冷凍魚が販売される。農家にとって、天然魚が不足する時期に庭先で養殖した魚を消費するメリットは大きい。養殖魚は貴重な動物性たんぱく源になり、世帯員の栄養改善に役立つ。また、家計の鮮魚購入支出を抑えることができ、余剰分を市場出荷して販売収入を得ることができる。

（2）農村における種苗需要の創出

　FAIEX は、種苗生産農家が一種の関係性マーケティング手法にもとづいて、養殖参加農家が種苗販売と技術普及を行うのを支援してきたプロジェクトである。当初の種苗販売対象は周辺にいる零細農家であったが、

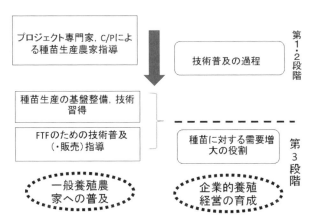

図 3-2　種苗生産農家のための技術指導，種苗需要増大のためのステップ

資料：筆者作成

注 1：C/P はカウンターパートの略

注 2：図右の第 1・2 段階、第 3 段階はそれぞれ FTF に対応

プロジェクトの進行にともなって淡水養殖を企業的投資ととらえる地域
住民や企業家にも販路を広げていった（図2－2参照）。

　FAIEX―2に参加した種苗生産農家の中には、急速にその生産規模を
拡大し、広い地域を対象に販路を広げようとする者が少なからずいた。
すでに述べたように、対象魚種を絞り、種苗生産に規模の経済を追求す
る動きもみられた。種苗需要を拡大して種苗生産農家の経営基盤を安定
させるには、地域の養殖農家数をふやすとともに、養殖業が産業として
広く定着するような条件整備が必要になる。

（3）共有池活動による公共需要の創出

　カンボジアではコミューン毎に共有池を管理・利用する活動が盛んで
ある。FAIEX―1では共有池の利用と管理を活動のひとつとして組み込
み、種苗生産農家が飼養した親魚や種苗を放流して資源増殖をはかった。
FAIEX―1以外でも、貧困削減と栄養改善を目的にした共有池をコミュー
ンが管理し、そこに稚魚や親魚を放流するという活動が各地で実施され
た。

　共有池の利用方法は地域やコミューンによって多様である。池で行う
増養殖事業の他に、水田農業とリンクさせて伝統的な淡水漁獲漁業の発
展をはかろうとする活動も盛んである。住民参加のもと、共有池管理の
ための申し合わせを策定し、持続的な資源管理を実践している地域が
少なくない。FAIEX―1では共有池の利用と管理を重要な活動とみなし、
地域にある中核農家が種苗を提供する販路として位置付けた。中核農家
の中には、自分のコミューン以外の共有池に種苗を供給する者もあった。
また、種苗を住民に配布し、放流活動を行うNGOが重要な販売先になっ
た。こうして作られる公共的な種苗需要に支えられて、中核農家の経営
がしだいに安定していったのである。

　図3－3に示したように、FAIEXの一連の活動は、地域社会に種苗需
要を増大させる役割を果たしたのである。

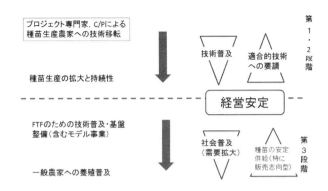

図3-3　経営安定化に向けたステップ

資料：筆者作成

注：図右の第1・2段階、第3段階はそれぞれFTFに対応。

（4）親魚の管理と災害対策

　種苗生産技術の移転が順調に進み、中核農家が継続的に種苗生産に取り組んではいるが、解決しなければならない課題も多い。中核農家による種苗生産技術の習得が最も重要であることは言うまでもない。しかし、プロジェクトに参加しているすべての中核農家が安定して種苗生産を行っているわけではない。年間の種苗生産量は農家によって大きな差がある。

　技術の習得以外に、種苗生産を不安定にしているのは、1）洪水による親魚や種苗の流出、2）水不足による産卵・孵化の遅れ、ふ化後の飼養の難しさ、等の要因である。FAIEXのプロジェクト地域でも、乾季には水不足、雨季には洪水が起こることが予測されていた。しかし、この二つの自然災害が、予測できない規模で、しかも連続して発生した地域があった。特に、洪水による親魚の流出は種苗生産農家の経営に深刻な打撃を与えた。このため、プロジェクトは被災した農家に親魚を新たに供与したのである。自然災害や魚病の発生等に備えて、政府や試験場が

親魚を確保しておくか、中核農家間で親魚を融通しあうネットワーク等を構築しておく必要がある。

4. 淡水養殖業の多面的発展と産業化

　カンボジアの農村地帯の在来養殖は、農家が庭先などで自家消費を目的に行うものが主流である。その生産規模はきわめて零細だが、農村住民にとって淡水魚は日常の食生活にとって欠かすことのできない貴重な動物性タンパク源になっている。その一方、トンレサップ湖及びメコン川流域では商業的な養殖経営体が成長している。したがって、カンボジアの淡水養殖業はしだいに多様な存在形態をとり始めている。

　第1に，農家の庭先や圃場にある池を利用した零細養殖が盛んであり、在来的な手法で水田（稲田）養殖も広く行われている。第2に，種苗の安定的な供給が行われるようになって、零細だがこれまでの規模よりもやや大きな養殖経営が各地に増え始めた。第3に，農村に企業的な規模で池養殖を行う経営体の成長がみられ，カンボジアの淡水養殖業の産業化が進み始めた。こうした経営体には対象とする魚種に特徴がみられ、パンガシウス、クラリアス等の海外産種苗を用いることが多くなっている。この場合、カンボジア国内だけで完結的に養殖業が成立しているのではなく、周辺国のベトナム，タイとの分業関係に依りながら、商業的な養殖経営体が発展していると考えられる。

　以上のように、カンボジアでは異なるタイプの淡水養殖業が、それぞれが関係をもちながらも、別々の発展方向を目指し始めている。いずれのタイプでも、種苗生産が産業として成長しているのが前提になりつつある。

　FAIEXが育成対象にした種苗生産農家の経営規模は零細であった。プロジェクトが開始された当初は、販売対象地域が周辺に限られ、種苗販売の顧客となる養殖農家 (Grow-out) の数も少なかった。その後、種苗生産農家の中には、対象魚種を絞って生産規模を拡大し、或いは多角化

して広範な需要に応え、販売チャネルを広げる農家が現れた。こうした成長過程を経て、企業的な種苗生産経営体として成長している中核農家が少なくない。

　カンボジア農村では、そうした種苗生産経営体と規模の大きな養殖経営体とを結びつけて、淡水養殖業を産業的として発展させていくことを展望できる段階に入った、と言える。FAIEX が普及した種苗生産技術は淡水養殖業を発展させる基盤を作ったのである。

　最後に、カンボジアの淡水養殖業が、今後どのような発展方向をめざすべきか、検討が求められる点を述べておきたい。

　周知のように、2015 年 12 月にアセアン経済共同体が成立し、貿易自由化が急テンポで進み始めている。養殖業では、グローバルな競争力をもつ隣国のベトナムとタイから、種苗や餌の輸入が増えると予測されている。この場合、FAIEX が育てたような農村の零細な種苗生産農家が果たして競争力を発揮できるかどうか、という懸念がある。FAIEX―1 の対象地域はベトナムに近接しており、これまでも同国からの種苗輸入が盛んであった。一方、FAIEX―2 の地域では、ベトナムに加えてタイの養殖業の影響を強く受けている。

　考慮しなければならないのは、養殖業の一環体系を自国内及び地域内で築いて完結させることが重要なのか、ということである。特定の対象魚種と、ある魚種の、生産工程のある部分において、強い競争力をもつ養殖企業を育てていくことが戦略上有効になることがある。実際、FAIEX の対象地域でも、レッド・ティラピア、ウオーキング・キャットフィッシュなど、商品性の高い魚種に生産がシフトしていく傾向がみてとれた。市場志向性の強い対象魚種の養殖が盛んになり、かつ、養殖産地が特定地域に集中し始めると、カンボジアの養殖産業の拠点化と分業化が、さらに前進する可能性がある。

　拠点化を進めるためには、種苗生産農家の企業的経営体への発展を展

望し、そのために必要な支援を政府は準備しなければならない。日本の
カンボジア淡水養殖産業への技術協力、国際協力は、新たな段階を向け
ていると言える。

第4章　フィリピン沿岸域資源管理と広域管理組織の展開

―　イロイロ州バナテ湾・バロタックビエホ湾の事例　―

1. はじめに

　JICA が行う水産分野の技術協力は 8 つの部門に分類されているが、資源管理は、漁業協力の次に早くから支援が行われた部門である。現在でも、開発途上国からは様々な内容の協力要請が日本に寄せられている。ただ近年は、水産資源の持続的利用を目指した沿岸域管理は、水産分野の協力課題というよりも、むしろ貧困削減や地域社会開発に関係するプロジェクトとして扱われる傾向にある。 4 章と 5 章では、フィリピンで実施された「イロイロ州地域活性化・LGU クラスター開発プロジェクト」（2007 年 10 月〜 2010 年 10 月）[1] に含まれる沿岸資源管理に関する事柄を扱うが、このプロジェクトは地方自治体の能力強化を主な目標に掲げたものであった。

　フィリピンでは、1991 年に施行された地方自治法を受けて地方分権化が急速に進められ、様々な権限と責任が地方自治体 (Local Government Unit, LGU) に委譲された。しかし、人材・財政能力が不足する市町の地方自治体が単独で住民の様々な要望に応えるのは容易ではなかった。ひとつの解決策は、課題に応じて周辺自治体間で連合体や事業体のようなものを結成し、共同して問題解決をはかることであった。沿岸域資源管理についても、自治体間の協力関係やクラスターができつつあった。JICA は、沿岸域資源管理に関する自治体及びクラスターの強化を目指すプロジェクトを企画・実施したのである。

　4 章と 5 章では、プロジェクト活動そのものより、支援対象地域と
なったバナテ湾・バロッタクビエホ湾の広域資源管理組織、Banate &
Barotac Bays Resource Management Council, Inc. (以下、BBBRMCI) の
活動と組織を分析対象としている。

2. 広域資源管理組織の課題と調査

（1）東南アジアの水産業が直面する問題

　フィリピンを始めとする東南アジア沿岸域では、漁獲漁業及び養殖業
は農業とともに地域の基幹産業として住民の生存と生計を支えてきた。
漁獲漁業では、1960 年代から始まる生産力の技術革新によって、東南
アジア各国の水揚高が飛躍的に増大した。だが、無秩序な漁場開発と過
剰漁獲の結果、水産資源の減少・枯渇が深刻化し、今も問題は続いてい
る。水産資源を持続的に利用しようという動きは広まってはいるが、そ
の一方、国や地域によっては違法漁業が横行して、生計の多くを漁業に
依存する零細漁民の貧困化をさらに悪化させる事態が広く見受けられる。

　1980 年代に入って近代的な養殖業が普及した東南アジア各国では、
ブラックタイガー（Penaeus monodon）を中心とするエビ類養殖業が
発展し、沿岸域に広がるマングローブを伐採して養殖池の造成をはかっ
たのは周知の通りである。マングローブ破壊によって沿岸域環境が悪化
し、また、養殖業から排出される様々な汚染物質によって水質悪化が進
み、沿岸生態系が大きなダメージを被った地域が少なくない。もちろん、
東南アジア各国は、「責任ある漁業」「責任ある養殖業」の実現を目標に、
持続的な資源利用ができる資源管理体制を築く努力を長年に亘って続け
ている。

（2）フィリピンにみる地方分権型の漁業管理

　フィリピンは、沿岸漁業における資源管理体制について、世界の開
発途上国の中でもきわめてユニークな地方分権体制を早くに確立した

国 で あ る（Lowry, White, Coutney 2005）。Local Government Code (LGC)1991(以下、地方自治法と略す) によって、町 / 市が沿岸域管理の主体になることになった。

　これを受けて、Republic Act No.8550 – Philippines Fisheries Code（以下、漁業法と略す）によって、町 / 市が 15km 沖合までの管轄権をもつことになった。フィリピンの漁業は、マニシパル漁業（municipal fisheries）と商業的漁業 (commercial fisheries) という分類がなされており、前者は海岸から 15 キロメートル以内 (municipal water)[2) で行われる小規模漁業であり、町 / 市が管理することになっている。各町 / 市には、Municipal/City Fisheries and Aquatic Resource Management (M/C FARMC) が設置される。漁業法では、この組織を中心に沿岸域資源管理が実施されることになっている。

　フィリピンでは、中央政府によるトップ・ダウン型の漁業管理ではなく、地域の自治体や資源利用者を主体にした、ボトム・アップ型、参加型の沿岸域資源管理が実施されているのである。

　1998 年漁業法は，これまでの漁業管理の流れを受けて，沿岸漁業を管理する主体を町 / 市の地方自治体においた。沿岸漁民の登録，漁船・漁具の登録，マニシパル海域内での操業管理に関する業務を町 / 市が MFARMC と協力して担当することになっている。しかし、自治体には水産関係の担当職員の配置が少なく、業務遂行能力は低い (山尾他 2007)。地方分権化によって町 / 市に権限が委譲されたとはいえ、漁業管理と資源の持続的な利用を実現できる体制にはなかった。また、行政の管轄と範囲、水産資源を始めとする沿岸の資源分布や生態が一致するとは限らない。資源および漁業操業のスケールと行政のそれとをいかに調和させるかが絶えず問題になっていた。

　こうした状況のなか、湾など半閉鎖性海域のような共通の生態系を持ち、漁場を共有する市町が共同で管理する体制をとる地域が散見されるようになった。関係する市町の MFARMC が連携して運営する広域資

源管理組織（Integrated FARMC、以下では IFARMC と呼ぶ）を作って、水産資源の効率的な利用と管理を行っている。また、単独の自治体ではなしえない内容の水産行政の構築をはかっている。

　しかし、広域資源管理のあり方、IFAMC の運営については参加市町の間の利害調整に難しさが伴う。また、フィリピン固有の問題だと思われるが、市町の首長が 3 年任期で選挙によって選ばれるため、水産資源管理をめぐる課題がしばしば政治的対立のなかに巻き込まれてしまうことがあった (Chiristie, Fluharty, White et al. 2007)。複数の市町が連携すると、安定した組織運営ができにくい状況に陥ることがある。

　本章が扱うイロイロ州バナテ湾及びバロタックビエホ湾を対象とする広域組織の事例は、IFARMC の成功事例として位置付けられていたが (山尾他　2006)、最近では、メンバーになっている町の間で政治的対立があって持続的に運営していくことの難しさに直面している。しかし、地方分権型の沿岸域資源管理において、広域資源管理組織を育成し、持続的に運営することは今も重要な課題であることに変わりはない。

（3）　調査の目的と課題
　4 章と 5 章は、イロイロ州バナテ湾及びバロタックビエホ湾を対象とする広域組織の事例をもとに、沿岸域資源管理における広域連携のあり方や有効性について明らかにするのを目的にしている。事例分析の対象となる BBBRMCI は、複数の地方自治体が沿岸域管理や水産資源管理の役割を委託してきた機関である。
　以下では次の 3 つの課題に沿って検討してみたい。
　第 1 の課題は、3 町体制にあった当時の BBBRMCI と比較しながら、現在の機能と役割を明らかにすることである。第 2 の課題は、BBBRMCI が今もその活動の基盤としているバランガイ（村）単位で組織されている資源管理組織である、Barangay Fisheries and Aquatic

Resource Management Council(以下、BFARMC) の活動状況と、広域組
織の BBBRMCI との連携について分析することである。持続的な沿岸資
源利用をめぐって様々な活動が実施されてきたが、地域拠点・住民参
加型 の一つとみなされる BFARMC の活性化の必要性が議論されてきた。
ただ、漁業者の操業が広域化するにつれて、また自治体等による資源管
理活動が活発になるにつれて、かえって狭い範囲を対象とする資源管理
組織との利害調整が難しくなる状況がみられる。第 3 には、以上を踏
まえて、今後の BBBRMCI の展開方向について明らかにすることである。

　調査は 2013 年から 2018 年 3 月にかけて実施した。なお、本格的
な調査は 2016 年 3 月までに終え、それ以降は補足的な調査を続けた。
BBBRMCI、バナテ町とバロタックビエホ町の各 BFARMC、二つの自治
体関係者、漁業者等から聞き取りを行った。また、BBBRMCI や関係自

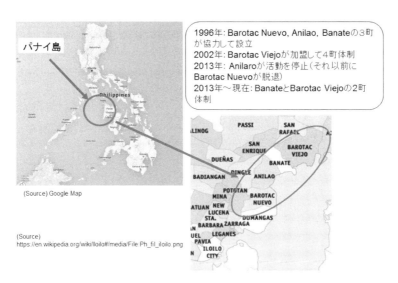

図 4-1　事例調査地域の位置と概要

資料：https://en.wikipedia.org/wiki/lloilo#/media/File:Ph_fil_iloilo.png より作成

治体に関する2次資料を収集・利用した。

　現在、BBBRMCIを構成する2つの町には18のBFARMCがあるが、活動を行っているのは17組織である。図4―1に示したように、最初はバロタックヌエボ町、アニラオ町、バナテ町がBBRCMI（当時）を設立し、2002年にバロタックビエホ町が加盟し、バナテ湾、バロタックビエホ湾を対象とした資源管理組織としてBBBRMCIとして改組・再編されたのである[4]。このため、現在のBBBRMCIを構成する2町に加えて、脱退したアニラオ町については脱退後の沿岸域管理の在り方、バランガイを単位とした組織されるBFARMCの活動などについて補足調査を実施した。

3.BBBRMCIの組織と活動

（1）連携型の資源管理組織の位置づけと機能

　1998年漁業法は，これまでの漁業管理の流れを受けて，沿岸漁業を管理する主体を地方自治体（町や市）においた。沿岸漁民の登録，漁船・漁具の登録，マニシパル海域内での操業管理に関する業務を担当するのは，町／市である。これを担当する組織が既に述べたMFARMCである。漁業法では、複数の市町にまたがる海域を統合的に管理させることができることになっている。

　図4―2は、地方分権的な沿岸域管理、漁業管理のメカニズムを示したものである。BBBRMCIは、この図ではM/C FARMCに該当する。したがって、自治体の沿岸域資源管理を担う部署が協力し、MFARMCの連合組織であるIFARMCを構成していることを示している。こうした連合組織にどのような機能をもたせるかは地域によって異なるが、バナテ湾・バロッタクビエホ湾周辺の自治体は水産資源利用を始めとする共同の沿岸域共同管理を基本に、水産行政の共同化を図ってきた。

　図4―3は、連携する町自治体が形成する広域連携組織の位置づけを、州政府、各町のバランガイ（村）を含めて模式化したものである。現在

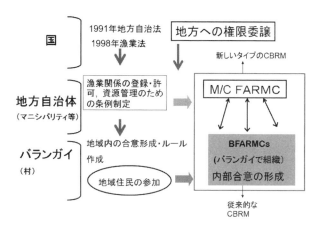

図4-2 地方分権システムと役割分担

資料：山尾他 (2006)、山尾他 (2007) にもとづき作成

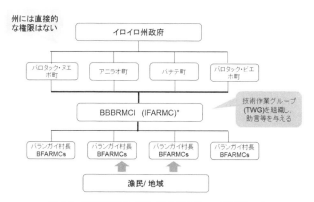

図4-3　地方自治体（町）のクラスター・アプローチ

資料：BBBRMCI, JICA(2010) にもとづき作成

注1：この図は4町体制のもの。現在は、バナテ町とバロタックビエホ町のみとなる。

注2：IFARMC=Intengrated Fisheries and Aquatic Resources Management Council

の漁業法では州政府には実質的な沿岸域管理を担う権限はなく、各市町自治体に委ねられている。限られてはいるが、州政府は BBBRMCI に対して職員雇用や活動経費を補助し、様々な助言活動を行ってきた。

　一方、漁業法ではバランガイを単位とする漁民組織を設立・育成することを規定している。地方分権型、参加型の沿岸域資源管理を担う単位として扱われているが、次章でみるように実質的な権限はない。町レベルの資源管理組織である MFARMC はバランガイを組み込んで活動をすることになるが、広域連携組織である BBBRMCI がその役割を果たすことになる。

　BBBRMCI の組織的な特徴は Technical working group (TWG) と呼ばれる、フィリピン水産資源局 (BFAR)、イロイロ州政府、その他政府関係機関の代表者、フィリピン大学ビサヤ校等の研究者を中心に構成される指導助言的な機関を設置していたことである。専門的な立場から参加する技術者・科学者が、直面している問題や課題に対して助言する役割を果たし、BBBRMCI の目的や活動の正当性を第三者機関として担保してきた。JICA の技術協力が実施された時期にはかなり機能していた。しかし、組織縮小のために最近は開催されていない模様である。一方、様々な分野の外部支援人材との交流は不定期ではあるが、今も活発に行われている。

　筆者は共同研究者らと共に、2005 年から 2010 年の間に数次にわたってバナテ湾周辺で調査を実施してきた。当時の状況については、山尾他 (2006)、山尾他（2007）、岩尾他（2008）、藤本他（2010）、及び、BBBRMCI・JICA(2010) 等が詳しく紹介している。当時の BBBRMCI は4町（その後3町）の水産行政をほぼ代替していた。参加自治体は沿岸自治体がもつべき諸機能のかなりを BBBRMCI に集約し、そのために水産関係の人材を常時派遣し、予算を拠出していたのである。

　図4－4には 2013 年以前に BBBRMCI が果たしていた5つの機能を示しておいた。

資料： 山尾他（2007）、BBBRMCI & JICA（2010）、2015 年筆者聞き取りにより作成

図 4-4　BBBRMCI の機能変化

　"Institutional Development" は住民参加型の資源管理組織の発展を目指すことである。"Law Enforcement" は漁業法、地方自治体の条例などの法令の順守に努め、漁船・漁具の登録を行い、違法漁業や漁具の取り締まりとパトロールを行うことである。"Mangrove & Land Use" は 資源再生・マングローブ植林、バナテ湾の資源を再生させて生産性を向上させる役割である。マングローブ植林には沿岸漁村の多くが取り組んでいたが、バナテ湾全体の取り組みとすることにした。

　"Research & Data Banking" は沿岸域資源の利用状況について継続的な調査を実施し、資源利用管理計画の作成、ゾーニング、監視等の活動に生かすことである。水産行政を集約したことに伴い、この役割を果たすことが可能になった。"Livelihood Development" は、持続的な資源利用をはかるには漁村住民の生計全体を向上させ、対象資源に負荷をかけやすい漁具の使用にかえて、場合によっては漁業以外の生業・就業機会

の紹介や提供を行うことが必要と判断された。

　こうした5つの機能は、自治体単独でも必要とされるものだが、人員
と予算の限られる中では実現は難しいものであった。それを人員と予算
の共同拠出によって少しでも解決しようというのが広域連携組織の主な
狙いでであった。

　2013年を境にBBBRMCIの組織と活動は大きく変わった。2002年
に4町体制になったが、その後バロタックヌエボが町としての参加を
停止した。しばらくは残った3町による広域体制が続いたが、2013年
にアニラオ町がBBBRMCIに派遣していたスタッフを引き上げ、資金拠
出を停止した。バロタックヌエボ町、アニラオ町が政治的理由等から脱
退し、現在は2町だけが参加している。

　2町体制にはなったが、BBBRMCIの目的に変化はなく、組織的な改
革は行われていない。Board of Trustees は町長によって構成され、議
長は2人の町長の互選によって決まる。2018年の調査当時、バナテ町
長が議長を務め、副議長をバロタックビエホ町長が勤めていた。事務局
長は議長によって選任されるが、現在はバナテ町農業部の職員が兼務で
担当している。職員数は5名(正規は4人、非常勤1人)である。職員
は2つの町に雇用されているが、いずれも町の農業部に所属している。
しかし、2町体制になって人員・予算とも削減されたため、漁業者、漁
船、漁具、生簀などに関する登録事務はこれまで通りであったが、その
他の機能は大幅に縮小されていた(図4－4参照)。人工漁礁などの資
源管理関係の事業はほぼなくなり、生計向上活動も限られている。バナ
テ町とバロタックビエホ町における漁業関係の申請書類の受付や審査を
中心にした業務にほぼ限られたというのが実情である。

（2）海域管理の監視と取り締まり
　フィリピンの沿岸域では違法操業を取り締まる機関がいくつかあ
る。国レベルでは沿岸警備隊、フィリピン国家警察、農業省水産資源庁

(BFAR) が担当する一方、地方では主に町が担当することになっている。これは、フィリピンの海域区分にマニシパル・ウオーターという沿岸から 15km 以内の設定があることと深く関係している。

　フィリピンの沿岸域管理は、概念的には地方自治体などによる統合的沿岸域管理 (Integrated Coastal Zone Management, ICZM) に沿った体制になっているのが特徴的である。海域内の監視と取り締まりについては、自治体内ではバンタイ・ダガット（Bantay Dagat、BD）と呼ばれる監視活動を行う半ばボランティア的な組織が担当しているケースが多い（Rosales 2008）。図４－５に示したように、町／市の長の権限のもとバンダイ・ダガットが組織・運営され、地元のフィリピン警察署との連携によって、管轄海域の監視と取り締まりを行っている。こうした体制のなかにあって、BBBRMCI は町から海域管理を任された組織としてその役割を果たしている。

　BBBRMCI は設立後しばらくの間は監視船を所有していなかったが、JICA プロジェクトによって調査船（監視船として利用）を供与された

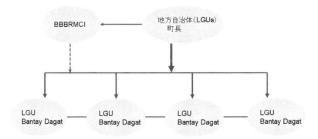

図4-5　４町体制時の沿岸域管理の枠組み

資料：聞き取り調査により筆者作成

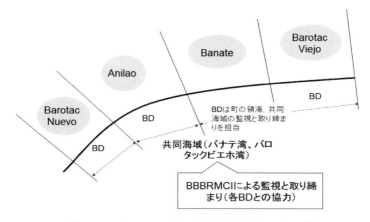

図 4-6　BD と BBBRMCI による監視と取締り（2013 年以前）

資料：山尾他 (2007)

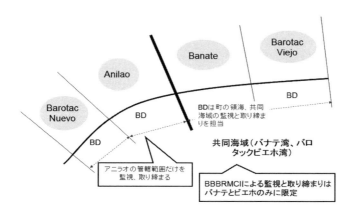

図 4-7　BD と BBBRMCI による監視と取締り（2013 年以降）

資料：聞き取り調査により筆者作成

のを機に取り締まり活動を積極的に行うようになった。

　JICA プロジェクトが供与した調査船による監視・取り締まり活動が可能であった時期には、その範囲は4町（その後は3町）の共有海域に及んだ。BBBRMCI は各町のバンダイ・ダガットと協力し、沿岸警備隊、イロイロ州のバンダイ・ダガット、BFAR、それにフィリピン警察と緊密に連絡を取り合って監視活動を行った (図4－6参照)。

　だが、2012 年に調査船が台風によって大破してからは、漁船等をチャーターしなければならないこともあり、監視活動はあまり行われなくなった。また、2町体制になってからは、主に町のバンダイ・ダガットがそれぞれの領海内で監視活動を行なうようになった。ただ、各バンダイ・ダガット間の調整や他町からくる違法操業船の取り締まりについては、BBBRMCI が現在でも重要な役割を果たしている。バンダイ・ダガットは、自分の町の条例については熟知しているが、他地域の沿岸域管理の内容は十分に理解していない。そのため、BBBRMCI がバンダイ・ダガットに対して情報を提供するなどしている。BBBRMCI は、沿岸域管理の知識と経験を十分に蓄積している、と言える。

　2013 年以降の大きな変化は、違法操業や持続的な利用に関する監視活動が地域全体としては緩くなったことである (図4－7参照)。また、州や沿岸警備隊との協力関係がしだいに希薄になった。2015 年時点では、州も BBBRMCI に対して直接的な支援をしていなかった。BBBRMCIを拠点に形成されていた沿岸域資源管理に関するネットワークが次第に機能しなくなったのである。

（3）登録と許可について

　BBBRMCI の重要な機能のなかに、町自治体の窓口業務があり、漁業者、漁船、漁具、養殖池、生簀その他の養殖施設の登録と許可申請がある。図4－8に示したように、漁業者は地域の BFARMC や地域委員会（Local task force）と呼ばれる審査を経て、BBBRMCI に書類が届き、それが妥

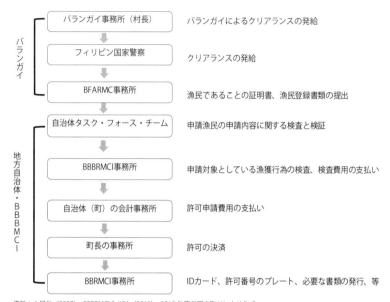

資料：山尾他（2007）、BBBRMCI & JICA（2010）、2015年筆者聞き取りにより作成

図4-8　漁業及び関連事業の許可取得過程

当であるかどうかが審査される。ここでは専門的な知識をいかして書類審査をする役割が課せられている。基本的にはこの段階で許可を与えるかどうかがほぼ決定される。その後に許可・登録料を町に直接に支払い、町長の決済を得た書類がBBBRCMIを窓口にして交付される。この一連の流れは、以前は4町共通であったが、今はバナテ町とバロタックビエホ町で実施されている。申請料はそれぞれの町によって違い、漁業者は直接に町の出納係に納入することになっている。BBBRMCIは納付事務には関わっていない。

4. 沿岸域管理の地方自治体への回帰

　BBBRMCIのスタッフが少なくなり、その活動量が大幅に低下してい

る。海域管理はもとより、資源再生・マングローブ植林については町が直接に行うようになっている。バナテ町では昨年には 15ha の植林を行った。バロタックビエホ町では 2014 年には 10ha、2015 年は 17ha の植林を行う計画であった。BBBRMCI は以前のようにマングローブの苗木と植林の準備をすることはなく、植林するサイトの推薦、植えつける樹種の選定などについて助言だけをしている。植林後のモニタリングも町が実施している。

　BBBRMCI による沿岸域資源の利用状況についての継続的な調査，資源利用管理計画の作成については進展していない。また、資源管理の影響を受ける零細漁民に対して，対象資源の持続性を破壊する漁具の使用を控え、負荷の小さい漁具の利用を進め、漁業以外の生業・就業機会の紹介や提供を行うこともなくなった。

　以上のように、かつては町の水産行政や漁村開発に関する機能の多くが BBBRMCI に委ねられていたが、今は町が担うようになっている。それは、BBBRMCI にとっては機能の喪失なのだが、アニラオ町では BBBRMCI に務めていた資源管理の専門技術を取得した職員が雇用され、町独自で行う保全事業が実施されるようになった。また、州のバンタイ・ダガットに異動した職員もいる。客観的にみれば、BBBRMCI は町職員の技術習得の場としても機能していたのであり、ここを通じて得られた技術や知識の移転がバナテ湾・バロタックビエホ湾の沿岸自治体になされたのである。

　BBBRMCI の特徴は、沿岸域管理に関する町の連合体である一方、バランガイ（村）では，資源管理委員会（BFARMC）が設置されており、これを基礎単位にして住民参加が図られていることである。各自治体には MFARMC があって、これが BBBRMCI において代表機能を果たす組織にすることもできたが、これまでは BFARMC の代表者が直接に集まっている。したがって、実質的には、BBBRMCI はバランガイで資源利用者が参加する組織の集合体として機能している、と言える。

　以上のように、自治体水産行政のクラスター（"Cluster"）として機能
しているのが BBBRMCI である。本来なら、これに直接に関与するのが
MFARMC である。実際には、自治体のクラスターとして位置付けられ
た BBBRMCI が、町レベルの MFARMC の役割をも果たし、バランガイ・
レベルの資源管理組織を同時に束ねている。したがって、BBBRMCI に
対する評価は、参加する町のバランガイ（漁村）組織を束ねる能力が高
いか低いかで判断されてしまうことになった。

　広域的な資源管理が本来の役割でありながら、バランガイという狭い
範囲で実施される意思決定に左右される組織であり、その運営において
難しさを抱えていた、と言える

註：
1) 次の URL にプロジェクトの概要が掲載されている。
　　http://www.jica.go.jp/project/philippines/0600958/ （2019年6月30日確認）
2) 地理的条件によっては 15km 以内になることがある。
3) "Community-Based Resource Management (CBRM)" などが代表的である。
4) BBBRMCI の概要に関する文献として以下のものがある。山尾政博・久賀みず保・
　　遠藤愛子　2006. 東南アジアの沿岸域資源管理と地域漁業、地域漁業研究
　　第 46 巻　第 2 号、pp.43-67.　BBRMCI, JICA, 2010. The BBRMCI Experience
　　– Navigating Success through the Cluster Approach to Coastal Resource
　　Management, JICA.

参考文献：
岩尾・山尾政博　2008. 住民参加型農漁村開発と外部者・開発関係者の
役割－フィリピン・パナイ島の沿岸資源管理の事例から－、地域漁業研
究　第 48 巻 1・2 号、pp.103-130
藤本志保・山尾政博　2010. 東南アジアの沿岸海域における代替生計戦

略とソーシャル・キャピタルについて、地域漁業研究 第 50 巻第 2 号、pp.43-68

山尾政博・久賀みず保・遠藤愛子、2006. 東南アジアの沿岸域資源管理と地域漁業、地域漁業研究　第 46 巻第 2 号、pp.43-67.

山尾政博他　2007. フィリピンにおける沿岸域資源管理の新たな発展、地域漁業研究　第 47 巻第 1 号、pp.91-115.

山尾政博・麻生貴通・岩尾恒雄他　2007. フィリピンにおける沿岸域資源管理の新たな発展－パナイ島・バナテ湾の地方分権型・住民参加型組織の活動－、地域漁業研究 第 50 巻第 2 号、pp.91-116

BBRMCI, JICA, 2010. The BBRMCI Experience – Navigating Success through the Cluster Approach to Coastal Resource Management, JICA.

Chiristie, Fluharty, White et al. 2007. Assessing the feasibility of ecosystem-based fisheries management in tropical contexts, Marine Policy 31, pp239-250.

Lowery, White, Coutney 2005. National and local agency role in integrated coastal management in the Philippines, Ocean & Coastal Management 48, pp. 314-335.

Rina Maria P. Rosales 2008. Incentives for Bantay Dagat Teams in Verde Island Passage, Conservation International Philippines.

第5章　沿岸域資源管理における広域連携組織と漁村組織の連携

― 　BBBRMCI の経験を踏まえて　 ―

1. はじめに

　5 章は前章に引き続き、フィリピン・イロイロ州のバナテ湾とバロタックビエホ湾地域で広域沿岸域資源管理を担当している BBBRMCI に関する分析である。主にバランガイ（村）に設立されている BFARMC の組織と活動に焦点をあてて分析する。漁業法によれば、BFARMC は必ずしも設立されなければならない組織ではない。しかし、BBBRMCI は設立当初から BFARMC を通じて沿岸域管理や水産資源の持続的利用に関する住民参加の合意形成に重きを置き、バランガイ単位での活動を進めてきた。以下では、BBBRMCI の基礎的組織ともいうべき、BFARRM を中心に検討を進める。

2. バナテ町における BFARMC の活動

（1）　バナテ町の各バランガイの概要

　バナテ町の漁業者の大部分が 8 つのバランガイに居住している [1]。これらの漁業集落は市街地にあるため、漁業者世帯は漁業の他に、農業、商業、運転手、大工など雑多な仕事に従事する者が多い（表 5 － 1）。

　漁業者世帯の数は正確には把握されていないが、No.6 のサンサルバドルは漁業従事者数が極端に多い、やや特異な漁村集落である。このバランガイはダニッシュ・パースセイネ（現地語では "Hul-boat"）と呼ばれる商業的漁業に分類される違法漁船の拠点であった。漁船漁業の乗組

表 5-1　バナテ町沿岸漁村（バランガイ）の概況

	バランガイ名	人口（人）	世帯数	主な生計手段	漁業者数（人）	漁業世帯数　注1)	主な漁具・漁法
1	ALACAYGAN	1982	418	漁業、運転手	60（登録数）2)	160	刺網、カニカゴ、釣り、プッシュ・ネット
2	BELEN	800	350	農業、漁業	54	?	刺網、カニカゴ、浅海定置網
3	BULARAN	1184	293	漁業、商業、サリサリ店、運転手、大工等	103	133	手釣り、刺網、プッシュ・ネット
4	FUENTES	778	206	農業、漁業	53	25	刺網、浅海定置網、プッシュ・ネット
5	POBACION	1865	424	漁業、商業	102	39	手釣り、はえ縄、プッシュ・ネット
6	SAN SALVADOLE	?	1030	漁業	133（登録数）	908 注4)	刺網、ダニッシュ・パースセイネ、カニカゴ、釣り
7	TALOKGAGAN	1700	563	漁業	174	136	釣り、刺網、手釣り
8	ZONA SUR	1400	327	漁業、建設関係、大工	121　3)	87	プッシュ・ネット、刺網、手釣り

資料：BBBRMCI資料、聞取りにより筆者作成
　注1. 漁業世帯とは漁業収入の比重が高いもので、厳密な定義はない。
　注2. 登録者とは漁業者登録をしている者。
　注3. そのうちの登録者は87人。
　注4. 正確な漁業世帯数は把握されていなかったため、聞き取りにより記入した。

員雇用があるため、他地域から移住してくる者が多く、違法操業する漁船が多い[2]。最近は、違法操業に対する州や町の取り締まりが厳しくなったため、カニカゴ等に転換する漁船が増えている。

　タロックガガン、ブララン、ポバシン、ゾナソラなどは釣り漁業、アセテスを漁獲対象とするプッシュ・ネットなどの零細漁業が主流である。ベレン、フエンティス、アラカイガンでは刺網、カニカゴ、浅海定置網が盛んであり、カニを主な漁獲対象としている。

　バナテ町の漁業は地域性と季節性が強いのを特徴としている。バランガイによって多少違うが、9月から1月にかけてが盛漁期であり、漁船の1日当たりの水揚高が1000~2000ペソになることも珍しくないが、3~4月には漁獲量は1~2キロときわめて僅かになる（2016年調査時点）。

この時の水揚高は 1 日当たり 100~200 ペソまで低下する。このように季節間の収入ギャップが大きいことが、漁業者世帯の貧困化の主な要因になっている。一般に、零細漁家ほど多就業形態をとるのが家計戦略であると理解されるが、資金や技術、さらに労働力の状況によっては、水揚高が少なくとも特定魚種を対象に操業を継続して行う場合がある。それが漁家の家計をいっそう貧困化させ、資源を減少・枯渇させるという負のスパイラルに導いてしまうこのである。

（2）BFARMC の組織と活動

　漁業法の規定によれば、BFARMC はバランガイを基盤に組織される資源管理組織であり、町 / 市のレベルで設立される MFARMC を構成する組織である。機能的には、MFARMC などが資源管理計画をたてて実施する際には、バランガイの単位で意志決定をはかり、周知徹底することになっている。また、漁業者、漁具、漁船の登録など各種行政事務の一端を担っている。

　バナテ町の 8 つの沿岸漁村すべてで BFARMC が設立されている（表 5 － 2 参照）。同町の BFARMC の設立は、1996 年に 3 町合意で BBRMCI（当時）が設立されたのを機に進んだ。これは後述するバロックタクビエホ町と比べて早い。バナテ町では、バランガイを単位に漁民協会[3] が活動しており、これを母体に BFARMC の活動が開始されたところが多い。ただ、アラカイガン（No.1）、フエンティス（No.4）、ゾナソル（No.8）のように、村長（バランガイ・キャプティン）が中心になって BFARMC を設立したところでは、村行政と深いつながりを持っている。設立時には参加人数が 20 ～ 30 人だったバランガイの BFARMC 中には、現在では 100% に近い組織率を達成しているところがある。

　BFARMC の組織形態には参加型（P）と行政型 (A) がある。参加型（P）は、漁業者が自主的に運営するものである。行政型 (A) は、バランガイ

表5-2　バナテ町のBFARMCの概況、特徴、設立経過

	バランガイ名	タイプ1)	設立年	参加人数の推移	漁民組織率	会費(ペソ)	会議の開催状況 頻度	参加人数等	設立経過	その他の漁民組織
1	ALACAYGAN	P&A	1996	20⇒60人	不明(登録漁民数は60人)	無し	毎月1回	15人	BBBがバランガイ・キャプティンに設立を促す。BFARMCの代表者は任命される	BFARMC設立後に小漁民協会を設立
2	BELEN	P	1996	25⇒46	85%	無し		100%	BBBに促されて設立	
3	BULARAN	P	1996	35⇒103	100%	無し		33人、30%の参加率	BBBに促されて設立。小漁民協会に合流する形で設立された	小漁民協会がBFARMCの前に設立された
4	FUENTES	P	1996	15⇒53	100%	無し	毎月1回	35-38人、80-90%参加率	バランガイ・キャプティンが主導して設立	小漁民協会が1990年に設立
5	POBLACION	P & A	1996	20	50-70%	10	必要に応じて開催(2014年6回)	50-70%	BBBに促されて設立。代表は選挙によって選んだが、後にキャプティンが任命。マイクロ・ファイナンスの機能をもつ	小漁民協会、ペドラー協会が以前から活動していた
6	SAN SALVADOLE	P	1997	80	62%	40/年		30人	小漁民協会を母体に設立	小漁民協会は以前に設立
7	TALOKGAGAN	P	1996	30⇒40	29%	無し		90%	小漁民協会を母体に設立	小漁民協会は以前に設立
8	ZONA SUR	P&A	2003	86⇒45	50%	無し	毎月2回	40%(協会参加者45人)	キャプティンが設立を主導、石油流出後に参加人数が主導。現在はBFARMは	小漁民協会はBFARMの設立後。BFARMは協会の会議の際に開催

資料：BBBRMCI資料、聞取りにより筆者作成

注1：タイプは、参加型(P)、行政型(A)に区別した。参加型は漁業者の自由意思に基づいた組織。行政型はバランガイ運営体制に組み込まれた組織。

注2：BBBは、BBBRMCIの略。

行政に組み込まれて運営されるタイプで、村長がBFARMCを任命する場合がある。例えば、ゾナソル（No.8）では村長に任命された1人がBFARMCを実質的に代表していた。

　特徴的なことは、第1に、BBRMCI（当時）が活動を開始したのとほぼ同時に、BFARMCがバランガイで設立され始めたことである。この経過を見ると、町レベルに対応したMFARMCが先行して組織されていたことがわかる。したがって、バナテ町では、バランガイを拠点にした沿岸域資源管理（"Barangay-based Coastal Resource Management"）の発展系としてBBRMCI（当時）が設立されたたわけではない。第2に、ゾナソルに典型的にみられるように、漁民が参加する協会と一体的に組織、運営されていることである。第3に、BFARMCの会合は定期的に開催されているわけではなく、生計プロジェクトなど具体的な活動があれば動くという、受け皿的な機能になっている場合が少なくないことである。また、バランガイの会議にBFARMC(代表)を含めている場合もある。

（3）沿岸域資源管理への関心

　バナテ町の各バランガイに設立されたBFARMCに対して、沿岸域資源管理 (Coastal Resource Management, CRM) に対する関心事について質問した。ここでは、沿岸域資源管理についてはその範囲をやや広く捉え、漁業者および漁家の生計活動も含めている。表5－3に示したように、最も高い関心事項は、「違法漁業の取り締まり」、であった。バナテ湾周辺では、ダニッシュ・パースセイネ、トロール、ダイナマイト漁などの違法操業が繰り返され、資源が減少して水揚高が減り、漁業者の所得が低下している事実が指摘された。カゴ漁や刺網漁など、ソタリガニ (Blue swimming crab) に経済的に依存する度合いが高い村では、過剰漁獲に対する関心が高かった。違法漁業を減らすための代替漁具の確保、漁業所得の減少を補うための代替生計手段の確保が必要とされてい

表5-3　バナテ町各バランガイの沿岸域資源管理の関心事項

	バランガイ名	沿岸域資源管理で関心が高い事柄（優先順位の高いもの上位3つ）			備　考
		（1）	（2）	（3）	
1	ALACAYGAN	違法漁業への取り締まり	資源が減って、漁獲量が少ない		ダイナマイト漁、ダニッシュ・パースセイネ、トロールなど違法漁業が多い
2	BELEN	違法漁業の取り締まり	操業資金の確保	カニの放流に関する合意	ダイナマイト漁が多い
3	BULARAN	生計プロジェクト実施	漁民登録	違法漁業の取り締まり	釣など零細漁業が多いために生計プロジェクトに対する関心が高い
4	FUENTES	水揚施設がなく不便。養殖池があり、海にでるのが不便	資金がなく、漁具・漁船が不足	水揚が減少。魚価が低下し、所得が減っている	カニ漁業の動向が漁家の家計を大きく左右する
5	POBLACION	違法漁業の取り締まり	サンゴ礁ＭＰＡの管理		前浜にMPAが立地。違法漁業が多い地域
6	SAN SALVADOLE	漁具提供のプロジェクト			違法漁業が盛んであるために代替漁具を必要としている
7	TALOKGAGAN	BFARMCの強化	マングローブの植林と保全	生計プロジェクトの実施	マングローブの植林が盛ん。苗木の育成・販売を行うグループがある
8	ZONA SUR	違法漁業の取り締まり	海岸漂着のゴミ処理・清掃		市街地に近いためゴミ処理が問題になっている

資料：BBBRMCI資料、聞取りにもとづき筆者作成

た。注目されるのは、市街地にあるバランガイでは、漂着ゴミの処理に対する関心が高まっていたことである。

　山尾他(2007)が指摘したように、漁業者の間では違法漁業に対する関心は以前から高かったが、この数年の間に状況には変化があった。2012年に襲来した台風ヨランダによって、バナテ湾・バロタックビエホ湾の周辺地域では違法漁船を含む多数の漁船・漁具が被害を被った。サンサルバドル村では、ダニッシュ・パースセイネが減り、カニカゴや刺網などへの転換が進んだ。水産資源庁（BFAR）や州を始めとする政府機関等が、違法な漁船・漁具を救済対象から外したのである。また、2010年代以降にはBBBRMCIによる監視機能が働かなくなっていたが、

イロイロ州政府や町のバンタイ・ダガットによる監視活動が強化されたため、違法漁業は以前に比べると減った。こうした事情もあって、違法漁業に対する関心は以前に比べてやや低くなった。

　BBBRMCIからアニラオ町が抜けて以降、これまで共有海域として扱われていた漁場のゾーニングに対する関心が高くなった。特に、アニラオ町に面したフンテスでは、同町が実施する海草保護区（MPA）周辺で、住民がこれまで通りに採貝活動することができなくなった。また、アニラオ町の海域管理に関する情報がバナテ町の漁民には入りにくくなった。そのため、アニラオ町のバンダイ・ダガットによる取り締まりを頻繁に受けるようになったのである 。

（4）BFARMC の活動と機能

　バナテ町内のすべての BFARMC が順調に活動を続けているわけではない。そこで、比較的活発に活動している 3 つのバランガイ、フンテス（No.4）、ポブラシオン (No.5)、ゾナソラ (No.8) における沿岸域資源管理に関する活動を整理してみた。

　BFARMC の活動目的や内容は、地域の漁業実態、漁業者の参加意識の違いによって変わる。また、BBBRMCI や町の方針によって、バランガイを範囲に組織される BFARMC の活動の重点の置き方も違ってくる。表 5 － 4 は、漁業法にもとづいて BFARMC に課せられた主な活動を 10 項目に整理し、具体的な回答が得られた 3 つのバランガイの BFARMC がどのように活動したかを整理したものである。

　3 つの BFARMC とも、訓練機能と代替生計分野に関する活動を行っていなかった。これは他のバランガイもほぼ同じであった [5]。代表機能では、バランガイや BFARMC でだされた意見を集約して BBBRMCI の会議に参加して主張するのが主な役割である。一方、合意機能については目立った指摘はなく、何か案件がある時に合意がはかられるというものである。提案機能は、主に BBBRMCI の活動において必要な活動や行

表 5-4　　バナテ町 3 つのバランガイの BFARMC の活動

	4	5	8
バランガイ名	FUENTES	POBLACION	ZONA SUR
代表機能	違法漁業，禁漁期について，生計活動支援について主張	BBB の会議にてバランガイ，BFARMC の意見を主張	漁業許可をとるのを勧めるのを主張
合意機能		実施	
提案機能	違法漁業の取締	ゴミの処理	浜辺クリーン活動について
水産資源保全機能	クリーン・アップ活動の実施	BD の役割について議論	人工漁礁の設置
マングローブ保全機能	苗床の管理，2-3ha の植林	他の地域の保全活動に参加	BBB の提案に従う
法遵守，監視，監督機能	BBB と一緒に活動	遵守するよう説明	他の地域の保全活動に参加
行政機能　（登録等）	登録を勧める	情報提供と手続きの実施	BBB とともに監視活動
資料収集・分析機能	10 人の漁業者の水揚データを提供	水揚データを提供	登録を勧める
訓練機能	特になし	MFARMC* が実施	10 人の漁業者の水揚データを提供
代替生計	特になし	BBB が実施	生計活動，集魚施設について
			特になし

資料：BBBRMCI 資料，聞取りにもとづき筆者作成
　注：MFARMC = Mnucipal Fisheries and Aquatic Resource Management、
　　　自治体を単位とする資源管理組織

政に対して行う活動であり、代表機能に近いものがある。水産資源の保全機能については特別な活動はなかったが、マングローブの保全活動にはいずれの BFARMC も取り組んでいた。マングローブがない地域のバランガイでは、他の地域の保全活動に積極的に参加する漁業者が多くいた。法順守・監視・監督に関する機能では、会議等で漁業者に徹底を求めるとともに、前浜などで監視・監督を行っている。

　行政機能では、バナテ町には BFARMC と BBBRMCI を組み込んだ漁船と漁具の登録・許可制度を設けている（4 章参照）。水揚高に関する調査は、JICA プロジェクト実施期間中に、BFARMC の中から選定された漁業者がデーターを提供していた。

　以上のように、バナテ町の BFARMC は多面的な機能を備えているが、"Community-Based Resource Management (CBRM)" がもつような一般的なものではないことがわかる。住民の漁獲操業がすでにバランガイという狭い範囲を超えて行われていること、もともとバランガイには漁業

操業に対する参入障壁などを設けて資源利用をはかる機能が備わっていなかった、と思われる。意志決定に参加する場面はあるが、沿岸域資源管理に関する意志決定は BBBRMCI の場でなされる。

　BFARMC の主要な役割は、BBBRMCI 及び町が行う水産行政事務の受付窓口であり、利用管理に関する決定事項を周知させていくための連絡ルートとして機能しているとみてよい。

3. バロタックビエホ町における BFARMC の活動

（1）　バロタックビエホ町の各バランガイの概要

　バロタックビエホ町には９つのバランガイ（村）に漁業者世帯が集中

表 5-5　バロタック・ビエホ町各バランガイの概況

	バランガイ名	人口（人）	世帯数	主な生計手段	漁業者数（人）	漁業世帯数 1)	主な漁具・漁法
9	NUEVA SEVILLA	2,171	460	漁業、農業、行商	400（登録数）2)	100	刺網、カキ漁業、はえ縄、トロール
10	POBLACION	5,226	1,392	農業、賃金労働	76（登録数 54）	20	手釣り、刺網、フローター
11	PUERTO PRINCESA	951	202	農業、漁業、商業、	31	31	刺網、手釣り
12	SANT DOMIGO	1,200	285	農業、漁業	53	71	カニカゴ、刺網、はえ縄、釣り
13	SAN FERNANDO	1,000	700	農業、漁業	105（登録 50）	100	プッシュ・ネット、刺網、手釣り、カニカゴ、
14	SAN FRANCISCO	1,082	211	漁業、農業	86（登録数 56）	56	はえ縄、ダニッシュ・パースセイネ、カニカゴ、釣り
15	SANJUAN	1,800	454	農業、漁業、賃金労働	481（登録数）	395	はえ縄、まき刺網、カニカゴ、定置網、深海定置網
16	SANROQUE	1,323	297	農業、漁業	150（登録数）	113	手釣り、刺網、カニカゴ、プッシュネット、バリン
17	SANTIAGO	2,527	557	農業、漁業	155（登録 60）	97	カニカゴ、刺網、定置

資料：BBBRMCI 資料、聞取りにより筆者作成
注 1. 漁業世帯とは漁業収入の比重が高いもの（厳密な定義ではない）。
注 2. 登録者とは漁業者登録をしている者。

表5-6　バロタック・ビエオ町の BFARMC の概況

	バランガイ名	タイプ 1)	設立年	参加人数の推移	漁民組織率	会費（ペソ）	会議の開催状況 頻度	会議の開催状況 参加人数等	設立経過	その他の漁民組織
9	NUEVA SEVILLA	P	2002	119=>?	?	無し（バランガイ役員は欠席すると50ペソの罰金）	必要に応じて開催（14年0回、'15年2回）	協会の会議として運営	LGU に勧められて設立	同時に漁民協会を設立したが休眠化。2014年に再組織
10	POBLACION	P	2014	54=>70	92%	0	毎月1回	80%	LGU に勧められて設立。河川流域にバランガイが立地していたため設立が遅い	協会等は設立されていない
11	PUERTO PRINCESA	P	1999	20=>31	100%	20ペソ/年（欠席すると20ペソの罰金）	毎月1回		BBB に勧められて設立	小漁民協会があり、2005年に正式登録
12	SANT DOMIGO	P	1996	25=>53	100%	50ペソ	停止	台風ヨランダ後は活動を停止	漁業法の改訂に合わせて設立された。長い歴史をもっている	小漁民協会を母体に設立
13	SAN FERNANDO	A	2002	20=>	バランガイ経由	無し	特には開催していない	連絡事項は村行政を通じて伝達	LGU に勧められて設立。バランガイのカウンセルに組み込む形	小漁民協会と一緒に設立
14	SAN FRANCISCO	P	1996	55=>180	95%	20ペソ/年	毎月1回		BBB に勧められて設立	小漁民協会を母体に設立
15	SANJUAN	P & A	2004	100=>50	20%	無し（欠席した場合には役員50ペソ、一般20ペソ）の罰金	必要に応じて開催（去年1回）	10%	LGU に勧められた	小漁民協会の設立は2010年
16	SANROQUE	P	2002	60=>150	100%		年2回	80%	LGU に勧められた	小漁民協会の設立は1998年
17	SANTIAGO	A	2002	1人体制	53%	入会10ペソ、10ペソ/月	毎月1回	40%	LGU に勧められて設立。協会を母体に設立。	小漁民協会が設立。参加人数は86人

資料：BBBRMCI資料、聞取りにより著者作成。
注1：タイプは、参加型（P）、行政型（A）に区別した。参加型は漁業者の自由意思に基づいた組織。行政型はバランガイ運営体制に組み込まれた組織。

している[6]。バナテ町と比べて農漁村の色彩が強く、人口規模の大きな
バランガイが多いのが特徴である。農業を基幹産業としており、漁業の
ウエートはやや低いが、ヌエバシルビア、サンフランシスコでは漁業が
主な生計手段になっている。漁業世帯数はバランガイによって差があり、
サンジュアンでは約400もの漁業世帯がある。その一方、20世帯から
30世帯の小さな漁業集落がある。主な漁業種類は刺網、手釣り、カニ
カゴ、プッシュ・ネットなど零細な漁具が中心である。多額の投資を必
要とする敷網、浅海定置などの大型漁具がある一方、トロール、ダニッ
シュ・パースセイネ、バリンと呼ばれる違法漁具・漁法の存在が目につく。

　バナテ町と同様に、季節によって漁業操業の形態がかなり変わる。カ
ニ漁業では5-8月に最盛期を迎える。プッシュ・ネットは7月から12
月である。刺網はやや時期がずれて10月から1月にかけて、手釣りも
この時期に最盛期を迎える。カゴと刺網によって漁獲するカニ、はえ縄
が対象とする高価格魚種、プッシュ・ネットで漁獲するアセテスなどが、
漁業者世帯を支える重要な経済魚種である。漁業者の多くは、季節変動
に応じて漁具・漁法を使いわけ、対象魚種を変えている。ただ、カニに
ついては漁獲量に大きな季節変動があるにもかかわらず、周年で操業す
る漁業者が少なくない[7]。

（2）BFARMC の組織と概要

　バナテ町と比べると、バロタックビエホ町のBFARMCの設立経過に
は大きな特徴がある。バナテ町では、BBRMCI(当時)の職員に勧めら
れて、以前から漁業者が参加していた漁民協会を母体にBFARMCを
設立したバランガイが多い。少なくとも設立時には、BFARMCには自
主性がみられた。　一方、バロタックビエホ町では、2002年に同町が
BBRMCIに参加したのを契機に、行政が中心になってBFARMCの設立
をバランガイに促した経緯がある。プエルトプリンセサ、サンフラン
シスコでは1990年代後半にBFARMCが設立されていたが、その他の

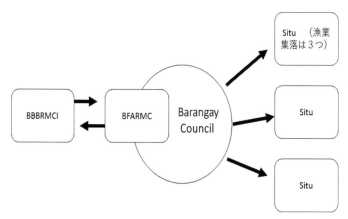

図 5-1　サンフェルナンド村の行政に組み込まれた BFARMC

資料：聞き取り調査により筆者作成

注 1.BFARMC はバランガイ・カウンセルの中で機能している。

注 2．BFARMC として全体で集まる機会は設けていない。カウンセルに集まる
　　　Situ の代表者を通じて、必要な情報を伝達し、意志疎通をはかる。

注 3．"House to House" で情報伝達をはかるようになっている。

　バランガイでは 2002 年に設立が集中した。例外はポブラシオンである。
このバランガイは河川沿いに立地しており、漁業は副業的に営まれてい
たために、BFARMC が設立されたのは最近のことである。

　BFARMC への漁民組織率はサンユアンのように低いところもある
が、他のバランガイでは概して高い。なお、バランガイ行政に組み込
まれた組織と運営形態をとる場合、組織率を示してもあまり意味がな
いことがある。図 5 － 1 はサンフェルナンドの事例だが、ここには "
Situ" と呼ばれる小集落があり、バランガイ・カウンセルはそこの代表
者たちによって構成されている。漁業を主な生業とする "Situ" は 3 つあ
り、BBBRMCI の活動や資源管理に関する連絡はここを通じて行われる。
BFARMC の会議は定期的に開催されていないが、バランガイと "Situ" を
通じて十分に機能していると言われる。

　サンチアゴでは、バランガイに選出された 1 人が BFARMC を代表している。このバランガイでは、BFARMC が設立される前年に、86 人の零細漁民が加盟する協会が設立された。これを母体に BFARMC が組織され、協会と一体的に運営されている。

　BFARMC で最も関心が高いのは違法漁業の存在と取締りであり、5 つのバランガイで指摘されていた。サンゴ礁については、白化現象及び違法漁業による破壊が問題とされた。BFARMC では MPA を拡充し、その周辺に人工漁礁を設置することを要望している。

（3）代表的な BFARMC の活動
プエルトプリンセサ―漁民の高い参加率を維持―

　BFARMC には月 1 回の定例会議があり、漁業者の参加率は 100％である。BFARMC に参加する漁業者は年間 20 ペソの出資金を拠出する。会議を欠席すると 20 ペソの罰金支払いがあり、そのためか漁業者の参加率が高い。資源管理について関心のある事項は、マングローブの保全、周辺漁場の持続的利用、生計活動に対する支援、などである（表 5 － 7 参照）。このバランガイはアホイ町に隣接しているために、町外の漁業者との間で漁場争いが絶えない。

　プエルトプリンセサの BFARMC は、BBBRMCI や町に対して沿岸域の清掃活動、違法漁業の取締、代替生計手段の提供を要望している。BFARMC は、小さな網目の漁具を使用させないことを目的とする監視活動を行う一方で、海岸清掃を住民に呼びかけて実施している。また、5 経営体が漁獲量のデーターを BBBRMCI に提供していた。

　BFARMC に参加する 31 人全員が漁業者登録を済ませていた。この地域は無動力船が多いのが特徴である。マングローブの保全は、環境省 (DNER) や町などの協力を得て実施しており、マングローブ林 7ha の広さに 5 万本を植林した実績がある。ただ、BFARMC が生産した苗がローカル種ではなかったため、生育があまりよくなかった。

表 5-7　バロタック・ビエホ町各バランガイの沿岸域資源管理の関心事項

バランガイ名	沿岸域資源管理で関心が高い事柄 （優先順位の高いもの上位3つ）			備　　考
	（1）	（2）	（3）	
9　NUEVA SEVILLA	違法漁業の取り締まり	ゴミ処理		サンゴ礁が破壊されている
10　POBLACION	漁具材料の支援	河川の洪水対策		違法漁業は増えてはいない。取り締まりが厳しくなっている
11　PUERTO PRINCESA	マングローブの利用制限	他地区の漁業者の規制	プロジェクト活動の資材	生計活動に対する要求が強い
12　SANT DOMIGO	違法漁業の取り締まり	カニカゴつくり（生計活動）の支援		カニ漁業の動向に漁家の家計が左右される
13　SAN FERNANDO	生計活動	違法漁業（サイアナイド使用）の取り締まり	MPA の拡充と人工漁礁の設置	MPA の拡充を強く希望
14　SAN FRANCISCO	資源の減少	マングローブの植林	農業収入源を増やす	漁業の代替収入源を探す必要性を強調
15　SANJUAN	違法漁業の取り締まり	隣町との漁業紛争		サンゴ礁の保全に取組み、マングローブの植林活動を行う
16　SANROQUE	違法漁業を少なくする	資源の増大	漁船の動力化	違法漁業に対する取り締まり、人工漁礁を設置して防ぐことが必要
17　SANTIAGO	違法漁業の取り締まり	サンゴの白化現象	住民の参加率が低い	隣町との漁業紛争の解決

資料：BBBRMCI 資料、聞取りにもとづき筆者作成

　　プエルトプリンセサでは、JICA のプロジェクトが実施されていた期間、BFARMC が生計活動の受け皿になり、クラッカーや燻製など水産品の加工が試みられた。BFARMC は資源管理を始めとして活動に必要な情報や BBBRMCI に伝え、逆にそこで得た情報は漁業者に伝えられる。
　　このバランガイの漁業者には、BBBRMCI が 3 町体制から 2 町体制になったことによる直接の影響はみられなかった。漁業者が懸念したのは、バナテ町における違法漁業の取締が緩くなることであり、隣接するアホイ町との間の漁場紛争であった。

サンフランシスコ　－資源管理の変化を指摘する BFARMC －

　漁業従事世帯が 56 世帯、漁業従事者が 86 人いるサンフランシスコでは、はえ縄、狩刺網（encircling gill net）、カニカゴ、浅海定置網などが盛んである。プエルトプリンセサと同様に、BFARMC に対する漁民参加の度合いが高く、毎月 1 回開催される会議には 95％の漁民が出席している。

　サンフランシスコでは、はえ縄、カニカゴなどの漁船漁業が盛んなことから、BBBRMCI が 2 町体制に移って操業に影響がでている点が BFARMC で指摘されていた。2010 年頃からバロタックビエホ町の漁業者はバロタックヌエボ町の海域での操業ができなくなり、現在は MPA が設置されているアニラオでの操業も制限されている。BBBRMCI が弱体化するなかで、各種のプロジェクト活動が減り、指導なども受けられなくなった、とのことである。ただ、漁業者は沿岸域資源管理については改善されている、と考えていた。

　漁業者が関心を寄せるのは、生計活動の支援、違法漁業の取締、人工漁礁（Artificial Reefs, ARs）の増設、MPA の設置、等である。BFARMC は漁業者の代表機能を果たし、集魚施設の設置、貝類や海藻の保全や増養殖活動に関する合意形成を行っている。バロタックビエホ町の 26 のバランガイが参加してマングローブの苗 5 万 5 千本を植えた[9]。

　BFARMC は違法漁業を監視し、必要があれば BBBRMCI や町に連絡する。BFARMC は漁船・漁具の登録や許可の手続きを行うのに加えて、資源管理や生計活動に関する情報を漁業者協会に提供している。訓練では水産加工や食品加工などに取り組んだが、実際の活動は行っていない。

　BFARMC による活動の成果は、漁業者が会議等を通じて問題を提起し、BBBRMCI や町に意見を届けていることである。台風ヨランダの復興過程では、BFARMC は漁船や漁具などの資材を供給する窓口にもなった。

ヌエバシルビア—広い MPA を設置している沿岸域資源管理

　登録漁業者数が 400 人、漁業世帯数が 100 と比較的大きな漁村である。刺網、はえ縄、釣り、それにエビ、カニ、イカなどを対象魚種としたトロール漁業（違法漁業に分類される）がある。刺網が最も重要な漁業種類になっている。

　バロタックビエホ町が BBRMCI(当時) に参加した 2002 年に BFARMC が設立された。この時には漁業者協会も設立されたが、十分に機能しなかったために、2014 年に再組織された。BFARMC は必要な時にだけ会議を開催している。ちなみに、2015 年の調査時点では年 2 回開催していた。BFARMC が扱う項目は漁業者協会の会議議題のなかに組み込まれている。一般の漁業者は会議に欠席しても罰金を支払う必要はないが、バランガイ・カウンセラーは 50 ペソを支払わなければならない。漁業者登録が進んでいることもあり、最近は漁業者の会議参加状況がよくなっている。

　バランガイで関心が高いのは、サンゴ礁の破壊を行う違法漁業の取締の強化、海岸のゴミの処理である。

　BFARMC では、BBBRMCI や町に対して、違法漁業の取締、境界争いの調停を要請している。バナテ町の漁業者による違法操業に対する監視・取締を強化し、違法漁船の逮捕が必要だと判断している。バランガイでは魚のサンクチャリーを MPA として 129ha を設定し、人工漁礁を投入している。BBBRMCI と協力してこの MPA 周辺の監視活動を行っている。5 人の漁業者が刺網漁業に関する水揚げデーターを記録していた。すでに 400 人の漁業者が登録を済ませていたが、漁船・漁具の登録は今後のことである。

　ヌエバシルビアでは、台風や高波の被害を頻繁に受けており、住居を守るためにマングローブ林の保全が重要な課題になっている。BFARMC では 2014 年に 10ha、2015 年は 3 万本の苗を 3ha に植得付けた。BFARMC の活動に参加する漁業者の数は増えており、資源管理活動が

盛んになっている。バランガイには水揚げ施設や倉庫などがないことから、住民の多くはインフラ施設の充実を望んでいる。

　アニラオ町がBBBRMCIから抜けて、海域のパトロールが行われなくなった。その一方、州政府やBFARによる監視活動が強化されたことから、違法漁業は少なくなった。

4.BBBRMCIの活動の成果と限界―BFARMCの視点から―

　漁業法では、バランガイを範囲に設立されるBFARMCの位置付けを必ずしも明確に規定しているわけではなく、市町単位に設立されるMFARMCが意志決定機関であり、管理の単位となっている。ただ、図5－2に基づいて考えると、BFARMCは地域拠点型、参加型資源管理の基礎単位のような役割を果たすものと期待されているのも事実である。バナテ湾、バロタックビエホ湾の沿岸漁村でみられるように、フィリピン各地では、BFARMCは漁民を中心とする沿岸域資源利用者の意志を結集して町レベルで組織されるMFARMCに集約する役割、MFRMCにおける決定を漁業者や住民に伝えて普及させる役割を果たしている。

　BBBRMCIは、設立当初からBFARMCの設置をバランガイ単位で漁民やそのカウンセル（委員会）によびかけてきた。バナテ町ではBBBRMCIが設立されて間もなく、各漁村にBFARMCが組織された。アニラオ町でもその設立は1996年頃が多かった。一方、BBBRMCIへの参加が2002年であったバロタックビエホ町では、BFARMCの設立はほぼ2002年前後であった。こうしたことから、BBBRMCIがバランガイのBFARMCを運営体制のなかに組み込んできたことがわかる。全てのBFARMCが参加する会議が毎月開催されており、資源管理や生計活動に関するプロジェクト等に関する活動報告が行われている。また、違法操業の状況なども報告、議論されている。BBBRMCIでは、BFARMCが参加する会議を合意形成に関わる機関として位置付け、代表機能を果たすように位置付けている。

　ただ実際には、BFARMCがバランガイを範囲とする海域を管理して
いるわけではなく、漁業者の操業範囲は前浜に限定されているわけでも
ない。漁業者は町の範囲をはるかに超えて日々の漁業操業をしている。
この場合、BFARMCを単位に資源管理について議論したにしても、実
質的に機能するわけではない。バナテ町及びバロタックビエホ町では、
BFARMCの組織と活動は、BBBRMCIの組織と機能を強化する観点から
考えられてきた。

　法制度的にみても、参加自治体の行政機能面からみても、BBBRMCI
はMFARMCの連合体としての機能を果たす役割が課せられている。本
来なら町レベルの資源管理体制の充実に力を注いでもよかったが、実
際にはBFARMCの活動推進に重点を置いた。3町ないしは4町にわ
たる広域資源管理が、町レベルでの活動を土台にしないままに行われ
てきた。そこに、BBBRMCIの組織活動上の弱点があった。BBBRMCI
はMFARMCを代替・代表する行政機関であるはずであったが、町を
単位とした資源管理や漁村振興に関する行政上の役割分担に曖昧さが
あった。町内の政治的な対立、町長を中心とした町外での政党間の争
いがBBBRMCIの組織に持ち込まれることになったのである。それが
BBBRMCI体制の不安定さをもたらした。

　特に、地域内に居住する違法漁業者に対する取り締まりをめぐって
は、漁業者間、住民間に深刻な対立があった。零細漁業者の間には、違
法漁業を繰り返す"Commercial Fisheries"（商業的漁業）に分類される
漁船所有者に対する強い怒りと諦めがあり、逆に、違法漁業者の間には
BBBRMCIが行う取り締まり活動に対する強い反発があった。時にそう
した対立関係が町内外の政治的対立に結びつき、首長・議員などの政治
家の言動に色濃く反映されることがあったのである。

　なお、フィリピンにはMFARMCの連合体であるIFARMCが活動を続
けている地域がある。IFAMRCが組織と活動の持続性を維持するために、
地域内外の政治的対立が持ち込まれないようにする努力と工夫をしてい

る。

　MFARMC の連合体である BBBRMCI は、実態としては BFARMC の組織と活動を重視するという方針を長年にわたって維持してきた。そのため、バランガイを拠点とする資源管理組織の発展系のように見えるが、実態としては MFARMC の連合体として地方水産行政を代替する役割を果たしてきた。2町体制になって以降、BBBRMCI に参加した町の沿岸域資源管理と漁村振興が進むよう、MFARMC との機能分担を改めて検討しなければならなくなっている。

　以上のように、MFARMC の連合体として BBBRMCI を捉えた時、JICA のプロジェクト活動がこだわった BFARMC の組織と活動の強化は、村落（バランガイ）を拠点に参加型の資源管理アプローチがもつ理念や意義は納得できるにしても、地方自治体が担う広域水産行政としては実際的ではなかったのではないか、との疑念が残る。

謝辞：
　本章は、バナテ湾、バロタックビエホ湾岸に面した2町のバランガイを対象にした分析である。各バランガイを訪問し、BFARMC に参加する漁業者を始め、バランガイ・キャプティン、カウンセルのメンバー

註：
1）バナテ町には 18 のバランガイがあり、人口は約3万人、面積は約1万3千ヘクタールである。
2）ダニッシュ・パースセイネの他に、ダイナマイト漁、サイアナイド（魚毒）漁など、違法な漁具・漁法があるが、これらを沿岸域や MPA（Marine Protected Area, 海洋保護区）で行っていると言われる。
3）バランガイによって名称は異なるが、設立趣旨や活動はほぼ同じである。
4）アニラオ町のバンダイ・ダガットのリーダーからの聞き取りによっている。
5）　JICA の技術移転プロジェクトが実施されていた際には、BFARMC が受け皿になって生計活動が行われた。

6) バロタックビエホ町には 26 のバランガイがあり、人口は約 4 万 5 千人である。

7) 　山尾政博（2014）「フィリピンの沿岸漁業と市場流通の動向」山尾政博編著『東南アジア、水産物貿易のダイナミズムと新しい潮流』北斗書房、143-164

8) 　バランガイや集落に組み込まれて BFARMC が運営される場合、参加漁民数や組織率は厳密には計算できない。

9) マングローブの苗木は環境省より提供された。生残率は高くなかったが、半分程度が育った。

参考文献 :

山尾政博・麻生貴通・岩尾恒雄他 (2007)「フィリピンにおける沿岸域資源管理の新たな発展—パナイ島・バナテ湾の地方分権型・住民参加型組織の活動—」『地域漁業研究』50(2):91-116

山尾政博 (2014)「フィリピンの沿岸漁業と市場流通の動向」山尾政博編著『東南アジア、水産物貿易のダイナミズムと新しい潮流』北斗書房

第6章　沿岸域資源管理と監視体制

―バンタイ・ダガットへの期待と現実―

1. はじめに

　4章ではBBRMCIの組織と活動について述べ、5章ではBFARMCを
どのように位置付けてきたかを検討してきた。BFARMCはバランガイ
にあって沿岸域資源の利用と管理に関する問題点を住民間で共有し、必
要な対策についての合意形成の役割を果たしている。資源の減少・枯
渇は最も深刻な問題だが、違法漁業の横行とそれを取り締まる体制
が十分に機能していないことに対する危機感が強い。いわゆる"Law
Enforcement"（法の執行）がどこまで徹底されるのか、に対する住民の
関心は高い。

　BFARMCに対するインタビュー調査の際、漁業者やバランガイ関係者
からバンタイ・ダガットの活動に関する言及が度々あった。概してその
活動が不十分であり、違法操業に対する監視の目が行き届いていないこ
とに対する批判が強かった。その一方、違法漁業は以前に比べて減って
いるとの見方もあった。違法漁業に対する見方は、漁業者、バランガイ、
町によってそれぞれ異なっていた。ただ、バンタイ・ダガットの関係者
に対する聞き取り調査では、彼らが十分な装備をもないままに、使命感
をもって取締活動を行っている状況を理解できた。

　本章では、BBBRMCIが関わっていた三つの町のバンタイ・ダガット
を取り上げ、その活動がどのように行われているかを述べる。周知のよ
うに、フィリピンの沿岸域資源管理に関する論文はきわめて数が多く、
紹介されている論点も多岐にわたる。バンタイ・ダガットに関する言及

も当然多い。しかし、地方自治体（LGU）の方針、警察権力の行使、加えて住民のボランティア的な性格があるため、バンタイ・ダガットにはその法的な性格や位置づけが理解しづらい点がある。そのこともあってか、先行研究の多くは概略的な説明にとどまっており、Rosales (2008)の研究が目立つ程度である。本章では、BBBRMCIとの協同で監視活動を行ってきたバンタイ・ダガットの特徴を明らかにし、第2に、バナテ湾とバロタックビエホ湾周辺の海域での違法操業の状況を聞き取り調査にもとづき明らかにする。第3に、Management, Surveillance & Control (以下、MSC)の観点から、調査地のバンタイ・ダガットの今後の活動の方向性について検討する。

2. 沿岸域管理と取り締まり活動

　沿岸域資源管理に関する監視活動は、基本的に、LGU単位に行われる。ただ、イロイロ州の19あるLGUのなかで監視船はもとより、必要な資機材も備えていないところが多い（2015年調査時点）。LGUには十分な海域監視能力が備わっていないために、州はバンタイ・ダガットを設置し、フィリピン国家警察関係者を含む約20人を配置している。3つの拠点地域を設けて、パトロール・ボートを配備して監視活動を行っている。詳しい活動状況は不明だが、LGUでカバーしきれない海域を中心にパトロールしている。また、海洋保護区の標識設置、人工漁礁の設置、サンゴ礁ガーデン、ダイビング器材の提供、教育訓練のための支援を行っている。

　既に述べたように、BFARMCはバランガイにあって沿岸域資源の利用と管理に関する問題点を住民間で共有し、必要な対策についての合意形成に努めている。バンタイ・ダガットはこのBFARMCや町レベルのMFARMと協力しながら監視活動や取締を通じて法の執行を実現しようとしている。漁村社会において、持続的な資源利用が行われているかどうかは、社会的公正や正義がどの程度達成されているかを示す指標でも

ある。

3. バロッタクビエホ町のバンタイ・ダガット

（１）バンタイ・ダガットの活動経緯

　バロタックビエホ町では 2002 年に BBBRMC に加盟したのを機にバンタイ・ダガットの活動が始まった。副町長がリーダー役を務め、LGU の水産行政の中に沿岸域管理が深く組み込まれている。同町が BBBRMCI に参加してからは、監視活動の対象はバロタックビエホ湾、バナテ湾となったが、実際には同町が管轄する海域に監視活動を限っている。BBBRMCI が活発に監視活動をしていた時期には、その活動に合流することもあった。

　バンタイ・ダガットのメンバーは副町長以外に４人、いずれもボランティア参加である。彼らの本業は刺網、はえ縄、敷網等を行う漁業者である。パトロールにはこの４人に加えてバランガイ警察の２人、それに地元警察（フィリピン国家警察、以下地元警察と略す）が加わる。

　同町のバンタイ・ダガットは 2013 年の台風ヨランダによって監視船を失った。それ以降は、一般漁船をチャーターしなければならないため、海上パトロールは２か月に１回程度しか行っていない。現在は浜からの監視活動が中心である。

　表６－１は、バンタイ・ダガットが所有ないしは携行しているものだが、ほとんど器材らしきものはない。州のバンタイ・ダガットと比較すると装備がいかに貧弱であるかがわかる。カメラやビデオなどは私用の携帯電話の付属品で代用している。

　違反操業船を逮捕すると、徴収した罰金の 50% がメンバーに支払われる。以前は週間に３回パトロールしていたこともあり、メンバーの活動収入は多かった。

（２）違法伐採と違法漁業

バロタックビエホ町ではマングローブの植林活動が盛んであるため、違法伐採を厳しく取り締まっている。ただ、養殖池の所有者によるマングローブの違法伐採が後を絶たず、環境省に取り締まりを要請した。前

表6-1　バンタイ・ダガットのパトロール船及び機材装備
（バロタックビエホ町）

	所有状況	ユニット数	備考
Motorized boats	無		2014年まで監視船を所有
Phone/Radio	私用	携帯	
Flash light	私用		
Camera	私用	携帯	携帯のカメラを利用
Video	私用	携帯	携帯のビデオを利用
Telescope	×		BBBRMCI が準備
GPS	×		BBBRMCI が準備
Marine base Radio	×		
Search light	×		
Firearms	警察		銃保持の警察官1人が参加
Life jacket	私用		
Safety gears	×		
Engine tools	○		
Warning device	×		

資料：2015年の聞き取り調査により作成

浜にあるサンゴ礁は厳しく監視しているため、違法行為は少ない。

　一方、町内にある二つのバランガイには違反操業を繰り返す漁業者が多く移住し、トロール、ダニッシュ・パースセイネなどの漁船が沿岸域に入って違反操業を行っている。2013年から2015年までの間の違法操業者の逮捕は185件を数えた。バンタイ・ダガットには監視船はもとより器材もそろっていないために、監視活動は困難をきわめている。

　バロタックビエホ町は違法操業に対する罰金を高く設定し、厳しい姿勢で臨んでいるが、違法操業が絶えない。同町ではエビを主な対象魚種とするトロール漁船が多い。ただ、漁業者の生計活動を多様化する必要があると考え、漁具を刺網などに転換するように勧めている。

　以前は、BBBRMCIが違反操業の取り締まりと代替生計手段の確保を中心に行っていたが、現在ではLGUが中心になって進めている。

4. バナテ町のバンタイ・ダガット

（1）町による取締活動の支援

　バナテ町のバンタイ・ダガットは、町長に任命された5人のメンバーによって構成されている。メンバーの活動歴は2年～3年、ボランティア的な性格が強いが、給料は支給されている。

　バンタイ・ダガットが監視活動を行っているのはバナテ町の海域のみに限られる。この点は広域資源管理組織であるBBBRMCIとは異なる。バンタイ・ダガットが日常的に連携しているのはMFARMCとフィリピン国家警察のバナテ署である。

　監視活動は天候に左右されるが、週に3回、月平均では20日間に及ぶことがある。漁業操業の実態にあわせて監視活動の時間を、午後4時から午前2時までの10時間、6時から10時までの4時間の二つのパターンに分けている。監視には警官1人ないしは2人が合流する。

　監視する海域はバナテ町の範囲だが、隣町との境界域での活動を重視している。

　違法操業を行う漁船、ダニッシュ・パースセイネやトロールなどは、バナテ町の沖合からバロタックビエホ湾に侵入してくる。多数のトロール漁船がエビ、カニ、ロコス、イカなどを狙って操業する。バナテ町のダニッシュ・パースセイネも操業をしている。バナテ湾、バロタックビエホ湾沖は違法操業が横行している海域である。

　バンタイ・ダガットの装備状況はバロッタクビエホ町のそれと大差ないが、監視船を所有している。私用の携帯電話をカメラ・ビデオとして利用しているが、それ以外の器材は装備していない。違法漁船に対して警告を発する音声措置なども備えていない。バナテ町のバンタイ・ダガットのメンバーはLGUの契約職員になる。操船担当者には月額6,000ペソ、

その他は4,500ペソの支給があり、これに給料2,000ペソが加算される。違法漁業者より罰金の徴収があった際には、LGUが60%をとり、バンタイ・ダガットに残り40%が分配される。

（2）違法操業の実態と取締り

　住民によるマングローブの違法伐採はほとんどなく、むしろ積極的に植林活動に参加している。サンゴ礁の保護区があるが、ダイナマイトを使用する違法操業者はいない。住民や漁業者の遵法精神はかなり高いが、

表6-2　バンタイ・ダガットのパトロール船及び機材装備
（バナテ町）

	所有状況	ユニット数	備考
Motorized boats	○	1	船長36、船幅2フィート。1.5年使用、13ノット
Phone/Radio	×　私用	6	
Flash light	×　私用	1	
Camera	×　私用		携帯
Video	×		
Telescope	×		
GPS	×		
Marine base Radio	×		
Search light	警察		小型、短・長焦点
Firearms	警察		
Life jacket	×		
Safety gears	×		
Engine tools	私用、警察		
Warning device	×		

資料：2015年聞き取り調査により作成

商業的な漁船漁業では違法操業が多い。

　バナテ町では年間50件の違法操業者を逮捕している。違法操業が多いのはトロール、かつてはダニッシュ・パースセイネが多かったが、台風ヨランダ（2013年）によって被災し漁船隻数は減少した。違法操業船は相変わらず多いが、バンタイ・ダガットには十分な資器材が備わっ

ていないために、取締は難しい状況にある。逮捕した際には漁業法等の
内容をよく説明するが、違法操業を繰り返す者が少なくない。

　マングローブ及びサンゴ礁に対する違法行為があると、BD はまずバ
ランガイ・キャプティンに通報し、その後に警察と BBBRMCI に報告する。
漁業操業については警察に報告し、逮捕した場合は罰金 2,500 ペソを徴
収する。

　バンタイ・ダガットのメンバーが活動に参加した動機は、バナテ町の
漁業を違法漁業者から守り、零細漁業者の生計を安定させたいというこ
とであった。バナテ町の場合、他の地域とは違って LGU の契約職員と
して身分が保障されており、ある程度の収入が得られるため、監視活動
は安定して行われる。

　以前、BBBRMCI がパトロール船を所有して監視活動を行っていた折
には、バナテ町のバンタイ・ダガットとの協力関係が強かった。現在は
バンタイ・ダガットだけによる監視活動であるため、町内の漁船が町外
の海域で違法操業する限りは問題にしていない。BBRMCI の場合は、参
加していた 3 町全体の海域を監視対象にしていたため、取締効果は大き
かった。

（3）地元警察との協力関係

　バナテ町はもとより、バンタイ・ダガットの海域監視活動には地元署
の警察官が同行するのが一般的である。もちろん、同行していなくても
監視活動はできるが、その場合には逮捕しないのが一般的である。バナ
テ町では、地元警察署が同行できない場合には、海域監視活動を行わな
いことにしている。同町では、監視活動のプランを決めるのは地元警察
の役割になっている。監視活動は 1 回につき 4 ～ 6 時間程度、沿岸から
15 キロ沖以内、横幅約 8 キロあるバナテ町の海域が対象になる。地元
警察署の 2 人が同行し、バンタイ・ダガットの 4 人とあわせて計 6 人で
監視活動を行う。LGU は警察官を除いた 4 人のメンバーに対して給料を
支払う。

　監視活動に必要な燃料や食料などの経費は、基本的にはバンタイ・ダガットが準備している。違法操業者を逮捕した際には、地元警察署から州に報告される。罰金が確定したら違法操業者はLGUに支払う、あるいは、裁判所に送致される。小型トロールだと2,500ペソの罰金が課せられる（2015年時点）。なお、漁獲物は没収の対象にはならない。

　バンタイ・ダガットと関係機関との連携は、資源管理を担うMFARMCとの関係は強いが、BBBRMCIとの関係は薄くなっている。沿岸警備隊と水産資源庁との関係もほとんどない。

　地元警察署からバンダイ・ダガットに参加している警察官によれば、ネグロス島から越境してくるトロール漁船やダニッシュ・パースセイネ漁船が多く、ダイナマイト漁などの違法操業も多い。逮捕するのは2トン程度の小型トロールが多く、年間100件近くある。そのうち罰金支払いは5~6件、裁判は2件であった。2014年には32件の逮捕があった。逮捕が難しいのは漁船の装備が充実してきているのに対して、監視船の能力や装備が著しく劣るためである。既に述べたように、バンタイ・ダガットが所持している器材は限られているが、地元警察署はフラッシュ・ライト、サーチライト、ピストル（48口径）を装備している。ただ、警察の装備も十分ではなく、なによりも違反船を取り締まるための強力なエンジンを備えた監視船が必要だと判断している。

　違法操業は特定のバランガイに集中していることから、バランガイ・キャプティンを通じて説得・教育するなどしているが、生計手段が漁業だけの漁家の場合は、違法操業をしやすくなる。

5. アニラオ町のバンタイ・ダガットとMPA管理

（1）独自の活動を続けるバンタイ・ダガット

　アニラオ町のバンダイ・ダガットの設立は1996年と早く、BBBRMCIが設立される以前から活動を行っていた。同町がBBBRMCIに参加していた時期には、バンタイ・ダガットはバナテ湾全体を監視していたが、

現在はアニラオ町の海域のみを対象に監視活動を行っている。

　アニラオ町のバンタイ・ダガットの組織と活動はかなりユニークである。パトロールとモニタリングに加えて、生計活動などを総合的に行っている。現リーダーは、BBBRMCI の職員として管理活動に長年にわたって従事した経験を有しており、JICA プロジェクト等が実施した各種の訓練活動にも積極的に参加していた。参加メンバーは彼を入れて 5 人である。バンタイ・ダガットのメンバーの在職期間は平均 8 年と、バナテ町と比べて長い。

　リーダーは 1 月あたり 15 日〜 30 日間、合計で 6 か月間、LGU に雇用されている。給料は日給制で当初は 140 ペソ、現在は 200 ペソである（2015 年時点）。だが、他のメンバーはボランティア参加であり、バンタイ・ダガットが行う監視活動で得る罰金収入、それにメンバーらが手がけるダイビング講習、各種潜水調査の補助活動、貝類養殖等によって得られた収入が、メンバーの給料になる。町はバンダイ・ダガットにMPA 標識の修理などを委託するなどしている。

　アニラオ町には沿岸域のバランガイが 7 つあり、それぞれバンタイ・ダガットと連携して監視活動を行う住民がいる。

　バンタイ・ダガットが監視活動を続けるために、アニラオ町と地元警察署とは強い連携を保っている。町が BBBRMCI から脱退して以降は、公的な関係はなくなっているが、情報収集等のネットワークはまだ残っている。アニラオ町には第 6 州の商業的漁船等の取締を行う水産資源庁のパトロール・ボートが係留されている。これらのボートは、アニラオ町における違法操業を直接に取り締まるわけではないが、違法漁船の操業に対する抑止効果はある、と言われる。

（2）貧弱な装備と監視活動

　アニラオ町のバンダイ・ダガットは監視船が動かせる限り、ほぼ毎日パトロールしている。干潮の際にはボートが航行できないため、1 回の

パトロールは6時間と限られる。バンタイ・ダガットのメンバーの3～4人が乗船するだけで、バナテ町やバロタックビエホ町のように地元の警察官は同行していない。これはスケジュール通りのパトロール運航にしていないためである。

　違法漁船を逮捕した際には、監視船の係留地点で地元警察に引き渡される。バロタックビエホ町、バナテ町では、警察官の同行がなければバンタイ・ダガットは単なる監視活動行うだけと活動を制限しているが、アニラオ町では実質的に逮捕できると考えている。武器の携帯と銃の発砲も可能との立場をとっている。強行に取り締まり活動を行うため、バンタイ・ダガットの監視船が複数の違法漁船に囲まれるなど、危険に遭遇することも多い。アニラオ町では海藻やサンゴ礁の保護海域周辺の監視活動に重点を置いている。

　他の町のバンタイ・ダガットと同じように、装備は貧弱でほとんど何

表6-3　バンタイ・ダガットのパトロール船及び機材装備
（バナテ町）

	所有状況	ユニット数	備考
Motorized boats	○		20フィート、7.25馬力。3人乗り。台風で被災したためエンジンは未装備
Phone/Radio	○	携帯	無線機は故障中
Flash light	×		
Camera	○　LGU		防水機能ある
Video	×		
Telescope	×		
GPS	×		所有していたが壊れた
Marine base Radio	×		
Search light	×		
Firearms	×		
Life jacket	×		
Safety gears	×		
Engine tools	×		

資料：2015年聞き取り調査により作成
注：LGU=地方自治体

もない状態であった。監視船は小型でエンジンの馬力数も小さい。2015
年の調査時点では、監視船が台風で被災したため、漁船をチャーターし
ていた。

（3） 資源管理及び違反の状況

　マングローブ、サンゴ礁、魚類の資源の状況はきわめてよい状態にあ
るとされる。以前はマングローブの違法伐採があり、サンゴ礁周辺では
ダイナマイト漁が行われていた。また、貝の違法採取が多い。違法操業
を繰り返すダニッシュ・パースセイネはバナテ町、バロタックビエホ町
からくるが、その数はしだいに減っている。

　バンダイ・ダガットによる逮捕件数は 2011 年が 12 件、2013 年が
18 件、2014 年には 32 件にまで増えた。ダニッシュ・パースセイネが
サンゴ礁の MPA に侵入するケースが多かった。また、違反件数が増え
たのは、漁業者に義務付けられた登録をしていない未登録漁業者による
ものである。調査時点では、アニラオ町では登録済み漁業者は全体の
15% にすぎなかった。バンタイ・ダガットは、バランガイ・キャプティ
ン、BFARMC などを通して漁業者に登録を呼びかけている。

　マングローブの違法伐採があった時には、バランガイ・キャプティン
に報告、警察に通報する。サンゴ礁及び魚類資源に対する違法行為は逮
捕されるが、裁判になるケースもある。逮捕者が初犯であれば、違法操
業を止めるよう指導するが、違反 3 回目になると逮捕する。

　違法漁船の性能と装備は、バンタイ・ダガットの監視船以上に性能と
機材を備えている。発見しても逃走したり、逮捕時に監視船に体当たり
する違反漁船もいる。したがって、バンタイ・ダガットの資器材及び資
金の不足、訓練の不足が法執行を妨げている。アニラオ町のバンタイ・
ダガットが違反漁船を発見しても取り締まれない時には、イロイロ州の
監視船に依頼する。ただ、水産資源庁の監視船の拠点がアニラオにある
ために、他町と比べると違反操業に対する取り締まりをしやすい状況に

はある。

（4）バンダイ・ダガットの活動を支える責任感

　アニラオ町の海域は狭いが、前浜には 32ha の海藻の保護区、4ha の
サンゴ礁保護区が設置されている。後者の周辺にはアロングと呼ばれる
集魚施設とパヤオが設置されている。また、ウミガメを保全するプロジェ
クトもある。アニラオ町は活発に沿岸域資源管理を行う町として知られ
ている。

　バンタイ・ダガットのメンバーが監視活動に参加する動機は、水産資
源を保全したいという意志とともに、漁業法を執行して違法漁業をなく
するために働くという強い責任感からである。メンバーの間には、MPA
の設置と管理によって水産資源が増えて水揚高が増加することへの期待
感がある。一方で、バンタイ・ダガットに参加することによって得られ
る収入増加については、それほど強い動機にはなっていない。

　バンタイ・ダガットがこうした責任感をもって監視活動を行なうのは、
バロタックビエホ町、バナテ町にも共通している。

　BBBRMCI が 3 町ないしは 4 町で組織されていた時期には、アニラオ
町のバンタイ・ダガットは監視活動をほとんど毎日行えていた。また、
JICA プロジェクトの実施期間中には、違法漁業者に対する訓練・啓蒙活
動も盛んに行っていた。2013 年、アニラオ町が BBBRMCI から脱退し
た後は、各種の保全活動と違法漁業に対する監視が中心になった。

　アニラオ町は管轄する海域が狭く、隣接する町との境界域が明らかで
はないところがある。そのため、海洋保護区の設置等に伴う他町の漁業
者との軋轢が生じやすく、バンタイ・ダガットの監視活動とのトラブル
が発生しやすい。

6. 参加型の沿岸域資源管理の成果と限界

　4 章、5 章で明らかにしたように、市町を拠点にした沿岸域資源管理

の体制は、その計画から執行体制にいたる過程において、LGU と利害関係者、広くは地域住民が責任負うことになっている。漁業法、地方自治法等にもとづく監視活動を担うのは、市町（MFARMC を含む）、州、沿岸警備隊、水産資源庁であるが、監視活動を実際に行うのはバンタイ・ダガットである。

　バナテ湾、バロタックビエホ湾沿いの３町では、BBBRMCI が活発に活動していた時期には、各町のバンタイ・ダガットの機能を代表する形で監視活動を行っていた。BBBRMI は沿岸警備隊、フィリピン国家警察との協力関係があり、実質的な逮捕権限を発揮行使していた。だが、バンタイ・ダガットには実質的にその機能はなかった。BBBRMCI の組織と活動が衰退すると、各町のバンタイ・ダガットがそれぞれの地元警察と協力して監視と逮捕に務めた。

　バナテ湾、バロタックビエホ湾の周辺では、参加型の沿岸域資源管理が前進をしているとはいえ、違法操業がまだ続けられていた。BFARMC 関係者からは、違法漁業を減らすことの難しさが指摘され、警察権限の発揮をしっかりすべきであるとの意見が多数あった。参加型の資源管理は、BBBRMCI が確立した地元警察との連携があって成り立っていた、と言える。持続的な資源利用は、資源利用者がもつ倫理観や自己規制だけによって維持されているわけではない。

　ボランティア的な組織であるバンタイ・ダガットの役割が強調されるが、３町の事例で示したように、監視活動に必要な船がなく、わずかの資器材すらも備えていないのが実状である。本来なら、沿岸域の監視活動はフィリピン国家警察や沿岸警備隊、水産資源庁、州などが担当するべきであろうが、その体制が整わないために地域のボランティア組織に頼っている。しかし、バンタイ・ダガットは制度としては中途半端であることは否めず、これがフィリピンの沿岸域資源管理の実態である。

　違法漁業を半ば放置している監視活動は、零細漁民にすれば、一種の社会悪とみなされる。しかし、持続的に資源利用を行うという目標を掲

げて、監視活動を強化して違法操業を取り締まると、商業的漁業者を中心に反発が強まる。時に地域社会に治安上の不安定さをもたらすことになる。政治的な緊張関係が生じ、どのように資源管理をするか、しばしば町長選や町議選の争点にもなる。すでに述べた、BBBRMCIからバロックタク・ヌエボ町、アニラオ町が脱退した背景には、それぞれの町内、及び４町間にあった政治的対立が指摘されている。

　沿岸域資源管理の一翼を担うバンタイ・ダガットは、漁村社会の微妙なバランスなかで存在しながら活動を続けているのである。

註：

1) 州全体のBDの詳細については不明だが、町／市レベルにみられるようなボランティア組織ではなく、専任のスタッフが配置されている。アニラオを拠点とするチームの場合、パトロールをほぼ毎日行っており、１日当たりの活動は7~8時間に及んだ。

2) ライフ・ジャケットを所持していなかった。

3) 沿岸域管理には120馬力程度のエンジンを備えた監視船が必要だと判断していた。他の地域で違反操業する漁船が監視船に故意に衝突するケースがある。

4) なお、違法漁業者を逮捕した際には、該当する海域を管轄する町の警察に引き

渡した。

5）リーダーは 2007 年に BBBRMCI、州、BFAR などが主催した逮捕に関する訓練活動に参加した。

6）州バンタイ・ダガットの船はコンセプシオンを拠点にしているが、アニラオ町、ドマンガス町までを範囲にしている。

参考文献：

Rina Maria P. Rosales 2008. Incentives for Bantay Dagat Teams in Verde Island Passage, Conservation International Philippines

第7章　住民参加と地域社会への貢献

1. 水産分野における国際協力の意義

（1）SDGs の目標と水産業・漁村問題への接近

　水産分野の国際協力は、SDGs の「ゴール１４：海洋・海洋資源の保全と持続的な利用」が掲げる目標に対応するが、「ゴール２：飢餓を終わらせ、食料安全保障及び栄養改善を実現し、持続可能な農業を促進する」（食料の安全保障／栄養改善）とも深く関わる 。実際に、本書が取り上げた二つの分野のプロジェクトは、実施時期が異なるが、二つのゴールに深く関わる内容を備えたものであった。

　東南アジアの沿岸地域・島しょ部では、魚介類は安価に入手できる動物タンパクを住民に提供してくれる。農業資源が限られる地域では、漁獲漁業・養殖業を基盤に成り立つ加工、商業、物流等の水産業は、住民にとっては大切な生計手段であり、貴重な雇用と所得を提供してくれる場である。農業や都市的職業とは異なり、漁業は零細な生産手段さえあれば参入が容易であり、貧困層の生存の受け皿になる。そのため、沿岸域の水産資源は過剰に利用され、乱獲による枯渇に陥りやすい。SDGsの「ゴール１４」の実現に向けて、住民の生計基盤の強化を含む、地域水産業の持続的な成長と貧困削減が求められるのはそのためである。

　水産分野の国際協力の難しさは、水産業の産業開発としての側面に加えて、生態系の保全、資源の持続的利用、管理、漁村振興と漁民の生活改善等、複雑な要素を含んでいることからきている。漁村の貧困削減と持続的成長を確保するには、社会、経済、環境に加えて、ソーシャル・キャ

ピタルを含む社会制度・政策の改善が欠かせないのである。

　日本が協力できるかどうかは別にして、対象になる分野は多岐にわたることが容易に想像される。SDGs に対応した JICA の水産分野の課題別方針の策定の際には、(1) 水産業を支える生態系機能の確保、(2) 水産資源の管理、(3) 漁業の安全性、経済性、持続性の確保、(4) 養殖業の健全な発展、(5) 水産物の付加価値向上と流通促、(6) 漁村の振興と漁民の生活改善、等を中心に議論が進められた 。そのうち、海洋汚染の防止、生態系の保全、水産資源の管理と経済便益の増大及び零細漁業の振興、が重点的に取り組むものとして提示された 。

　生態系の保全では、行政と漁民による共同水産資源管理 (いわゆる Co-management 手法にもとづく)、サンゴ礁・藻場・干潟などの保全、海洋保護区 (MPA) の設置、人材育成を含むキャパシティ・ディベロップメント、持続的な沿岸域資源利用の基盤となる地域住民の生計向上などがある。

　水産資源の管理と持続的利用、漁村振興では、多岐にわたる活動がリスト・アップされている。順位付けがなされているわけではないため断定はできないが、強調されているのは、内水面養殖と持続的養殖システムの開発を軸とした水産養殖振興、生産から消費までを包括的にとらえた「バリューチェーン開発」を民間連携により進める、ことである。こうした水産分野の課題指針が、現実にはどのような進捗状況にあるのかは、今後の報告及び検討を待つことになる。

（2）日本の水産業と協力分野の動き

　第 1 章では JICA によって 2015 年にいたるまでの期間に実施された技術協力の内容を検討した。開発途上国からの水産分野における要請とそれに応えた日本の技術協力の内容は多岐にわたり、次第に高度化してきたことがわかった。

　日本の水産分野の技術協力が漁獲漁業、養殖業、食品加工業などの分

野が成長を遂げる過程で蓄積された技術や知識にもとづいて行われてきたことは指摘するまでもない。日本の企業、民間組織、行政、試験研究機関、大学等が開発途上国向けに、日本の技術や知識をアレンジまたはそのまま提供することから始まった。日本の成長過程で蓄積されてきた技術や知識は、これから発展しようとするアジア開発途上国には成功・失敗体験を学ぶ上で有効であった。また、日本の水産業・食品産業が生産拠点をアジアなどの海外に移す時期には、こうした技術協力はなんらかの貢献はしたものと思われる。

だが、1970年代に本格化した海洋秩序の再編成と水産資源利用をめぐる国際環境の変化、1985年の先進5か国蔵相・中央銀行総裁会議により交わされたプラザ合意をきっかけに急テンポで進んだ長期にわたる円高は、日本の水産業及び食品加工業にドラスティックな構造変動をもたらした。さらに、1990年代に入って日本経済が直面したバブル崩壊、その後の不況の長期化によって、低価格な食料品に対する需要の拡大は、日本の水産業及び食品関連産業の海外依存を決定的なものとした。こうした経済の構造変動とグローバル化の波のなかで、日本の水産業は輸入水産物との激しい競争に晒され、海外に生産拠点を移したのである。

国内産業が空洞化した結果、技術と知識の蓄積が乏しくなって、技術協力を根底で支える専門家等の人材を得ることが難しくなった。本書では分析の対象から外したが、専門家人材の不足が水産分野の技術協力の在り方を変えるきっかけになったのではないか、と考える。水産分野を対象とする大学及び高等教育機関の縮小も、技術協力に対応できる専門家集団の育成と確保を難しいものにした。

この点は、地球規模課題対応国際科学技術協力プログラム（Science and Technology Research Partnership for Sustainable Development：SATREPS）に分類される技術協力の動きをみるとその一端がわかる。高度な科学分野で技術協力を前進させるという積極性は評価できるが、大学や試験研究機関を中心とした協力プログラムは、政府開発援助の枠組

みがなくても実施できる内容を備えている。だが見方を変えれば、日本の水産分野の技術協力は SATREPS のようなプログラムしか実施できない、すでに開発途上国からの実践的な要請に応える主体的な力はなくなった、とも言える。

　技術協力を実施するにあたり、第3国との共同関係の強化、海外の専門家や研究機関の参画など、すでに対応がなされている。今後もこの動きが強まるであろう。

2. 淡水養殖振興にみる技術協力のパッケージ化の成果

（1）淡水養殖技術普及プロジェクトの意義

　日本が高度な科学技術分野の技術協力を重視する一方、JICA は開発途上国の農村地帯の貧困削減と栄養改善を進め、生計向上をはかる活動にも重きを置いている。水産関係では、小規模な淡水養殖の普及を進めるプロジェクトがアジア・アフリカ各国の農村で実施されてきた。従来の養殖普及支援では、中央政府や試験研究機関に対する協力が活動の中心であった。最近は、淡水養殖普及の担い手になる種苗生産農家を対象にした技術協力に重きが置かれている点に特徴がある。彼らが周辺農家に種苗を安定的に供給し、あわせて飼養及び池管理技術などを普及する、いわゆる、農民間普及 (Farmer-to-Farmer) の手法が開発された。本書がとりあげたカンボジア、ラオス、マダガスカルで実施されたプロジェクトはいずれもこの手法を応用したものであった。農民間普及を軸としたプロジェクト活動のモデル化に成功し、農村地帯に動物性タンパク質を供給する養殖業が広まり、生計向上に役立っている。

　この淡水養殖技術普及の成功体験は、SDGs に対応した JICA の課題別指針に反映されている。養殖業の振興は、漁獲漁業の生産量が停滞・減少するなかでは必要不可欠であり、今後も高い成長率が期待されている。また、様々な社会開発・地域開発とリンクさせた養殖業の発展を想定できる。注目されるのは農村部で行われる淡水魚の養殖である。

　プロジェクトでは三つの養殖経営を想定していた。第1に、養殖を生計向上の手段と位置付け、農村の既存資源（池などの農業水利施設、農産物残渣等）の有効利用をはかりながら、低投入なタイプである。第2に、農家の自家消費よりも市場販売を目的にして企業的な養殖業をめざすタイプである。カンボジアのプロジェクトの成功事例をもとに、農村に資本投資と雇用機会を生み出す新しい産業の創出を目指す内容になっている。もちろん、養殖経営体には様々なタイプがあり、販売目的ではあっても副業的な位置づけにあるものもが多いと思われる。

　第3には、農村の養殖業を安定して継続させるために、種苗生産に特化した専門的経営の発展に重きをおいた経営である。農民間普及の手法を用いるプロジェクトが育成の主な対象とするのが、このタイプの養殖経営である。

　農民間普及の手法をベースにした淡水養殖プロジェクトの成功は、プロジェクトに参加する住民がもつ農地、水、その他の資源を利用することの大切さを認識させた。また、種苗や成魚の売買には、種苗生産農家を核として広がるネットワークが必要であることもわかった。

（2）農民間普及を支える条件の検討
既存の普及体制の活用

　淡水養殖分野で成功した農民間普及のモデル化は、政府などが運営する試験場や種苗センターを介した養殖普及がもつ限界性をどう克服するか、を前提に始まったものである。農業・畜産でも同様な試みがみられる。

　本書で取り上げた事例から明らかになるのは、従来のセンター型普及に比べて農民間普及のモデルは有効ではある。だが、プロジェクトの成否は国や地域の普及行政の実態に左右されているのではないか、ということは疑問として残る。農民間普及を軸にプロジェクトをパッケージ化することはできるが、国によって普及制度が違い、零細な養殖業を普及対象にする場合には地域性や個別の事情をどの程度まで反映すべきかが

問題になる。

　カンボジア、マダガスカル、ラオスの淡水養殖プロジェクトを比較するなかで、カンボジアが際立つのは、効果的な養殖普及体制が整い、地方行政による支援活動が期待できたことによる。プロジェクトでは，地方水産行政との連携が強化されており、FAIEX-2では、対象州の普及員がカウンター・パートの役割を果たしていた。プロジェクト活動の中には、水産行政を担う職員・普及員に対する研修が位置付けられており、技術研修等が実施されていることである。図3-1に示した、中核的種苗生産農家による技術習得、彼らが顧客農家に種苗を販売するに際して行う技術指導、これらを支える役割を担うのが水産職員・普及員である。

　淡水養殖プロジェクトに用いた普及手法は、中核的種苗生産農家の育成と彼らによる一般農家への普及という2段階にわたるものであったが、実際にはJICA専門家や普及職員がこれに加わった複数チャネルによるものでもあった。プロジェクト活動の成否には、与件としてある既存の普及体制をどのように活用できたかにかかっている。

　普及員が種苗生産農家に対する技術指導や普及支援を自立的に実施していける能力を身につける、一般養殖農家の技術指導にも対応できるようになることが、養殖業の持続性を確保するために必要であろう。

地方分権化のあり方

　淡水養殖普及プロジェクトのパッケージ化がどの程度まで一般化できるかについては、水産行政の地方分権化との関係で検討する必要がある。

　水産分野はもとより、畜産・農業分野では中央政府の行政機構と地方の普及体制がいつも一致しているわけではない。東南アジアを中心にみると、地方分権化の動きは前進しつつも、変更があったり、揺り戻しがあったりして複雑である。農民間普及手法は、そうした行政・普及機構がもつ脆弱性を補うものではあるが、パッケージ化を進める際に地方分権の内実をどの程度まで組み込むかは判断が難しいところがある。実際、

マダガスカル、ラオスの事例ではカンボジアほどには淡水養殖プロジェクトの優位さを発揮できていないように見えたが、その原因のひとつが普及行政を含む地方分権体制の弱さにあったと思われる。

　カンボジアの場合、プロジェクトは種苗生産農家の選定時には、地方行政の末端にあるコミューンから候補となる農家の詳しい情報を得ていた。プロジェクト活動を開始するにあたってコミューンとの協力関係が重要であったことがわかる。また、一般農家が小規模な養殖業を開始しようとする場合，種苗生産農家を中心にした宣伝とともに（口コミなど），コミューンを通じた情報提供がかなり有効であったとも言われる。

　コミューンの中には、種苗生産農家を支援するために所有する共有池に種苗を放流する活動をつづけたところがある。政府もこの活動を支援し続けた。農民間普及の成功を支えた条件のひとつに、こうした地方行政が担う普及活動が重要な役割を果たしたと思われる。つまり、普及行政を強化する活動を組み込むことで、より効果的にプロジェクト目標が達成できたのである。

　今後もこの農民間普及の手法を取り入れた養殖普及が続けられるとしたら、援助対象国及び地域の普及行政の特徴を、どれだけ考慮した計画にするかが、検討されなければならない。

3. 持続的な沿岸域資源利用と管理体制の確立

（1）沿岸域資源管理をめぐる葛藤

　SDGs の「ゴール１４」では、目標年の 2020 年までに、漁獲を効果的に規制して、乱獲や違法・無報告・無規制（IUU）漁業および破壊的な漁業慣行を撤廃し、科学的情報に基づいた管理計画を実施することにより、実現可能な最短期間で水産資源を、少なくとも各資源の生物学的特性によって定められる持続的生産量のレベルまで回復させる、ことが目標とされている（ターゲット 14.4）。実現するためには、海洋および沿岸の生態系のレジリエンス強化や回復取り組みなどを通じた持続的な

管理と保護を行う、体制の確立が求められる（ターゲット 14.2）。

　JICA の SDGs に対応した課題別指針に示された中では、生態系の保全では水産業を支える内容になっている。海洋保護区 (MPA) の設定、漁場環境保全、総（統）合的沿岸域管理等があるなかで、中心になるのは漁場環境保全である。沿岸住民の生計に直接影響する「沿岸漁業の管理」を最優先とし、水産資源の産卵、成長に重要な干潟／湿地・藻場・サンゴ礁等の「沿岸の生態系」について、漁民参加による保全活動を推進する、という取り組みが掲げられている。

　この課題別指針にみられる特徴は、主に特定の水産資源の保全と利用を重点においていることである。また、対象範囲もそれほどは広くはない。一定の水域を保護区に設定する海洋保護区の活動、沿岸水域に影響を及ぼす陸域の生態系も含めて利害調整及び合意形成を目指して実施する沿岸域統合管理は、計画作成の難しさ、意志決定過程の複雑さなどから、なかなか対象にはならないようである。それは、日本では未だに統合的な沿岸域管理に関する経験が蓄積されていないことと関係していると思われる 。

　東南アジアでは、水産資源の持続的な利用が以前から重要な課題であった。そのため、零細な漁業者が多い沿岸域資源管理では、水産資源の利用をめぐる秩序、資源利用者間の合意形成など、様々な努力がされている。ただ、海洋保護区の拡大、漁獲規制の強化などは、短期的には漁業者の所得減少、生計の不安定さにつながる可能性があるため実施が難しいことがある。本来なら、SDGs が目指すような総合的な対策にもとづく、持続的な水産業を確立するのが望ましい。

　そうした点を踏まえて、JICA の課題別指針では沿岸住民の生計に直接影響する「沿岸漁業の管理」を最優先とし、漁民参加による保全活動を推進する点が強調されている。一方、水産行政の人材及び財政の制約に留意し、漁民の主体的な参加を促す「行政と漁民による共同管理 (Co-management)」を推進する。なお、水産資源のもたらす経済的便益を最

大化するための「バリューチェーン」の構築を目指すべきだとする。

（2）効率的な沿岸域資源管理システムの移行

CBRM から Co-Management への以降

　本書では、フィリピンにおいて、JICA が実施した「イロイロ州地域活性化・LGU クラスター開発プロジェクト」を対象に、その成果を多角的な視点から検討した。プロジェクトが支援対象とした、バナテ湾・バロタックビエホ湾の資源管理組織 BBBRMCI は、地方自治体 (LGU) の水産行政を担い、広域管理を行っていた。このプロジェクトが対象とした BBBRMCI は、複数の自治体から種々の登録業務を含む水産行政、資源管理、監視活動、生計活動、データー収集などを委託されている機関である。

　フィリピンでは 1990 年代以降に地方分権化が進み、地方自治体や漁民組織、地域組織が水産資源管理に関わる機会が増えた。東南アジアの中でもフィリピンでは、早くから住民参加型・地方分権化型の水産資源管理が発達し、"Community-based Resource (Fisheries) Management (CBR(F)M)" がその典型である。

　CBRM は，もともとは住民主体の参加型資源管理のひとつとして普及・定着してきた。長年にわたって，CBRM は地域住民および漁民の主体性と自主性に依拠した性格が強かった。CBRM には伝統的な地域ルールに基づく組織として発展してきた経緯があるが、トップダウン型の資源管理方式を補完・代替するものとして期待されるようになると、フォーマルに運営されるのが望まれた。パイロット・プロジェクトのように特別な条件下だけで存在するのではなく，地方分権型・住民参加型の組織として、 定の制度的枠組みのなかで CBRM が機能することが期待された。普遍的な管理方式として普及するには，制度的な枠組のなかで簡単な手続きやルールによって、多くの地域においてその役割が果たせる CBRM が求められる。フィリピンやタイでは，住民の自覚や意識に委ね

てCBRMを論じる段階は早くに過ぎ、「制度としてのCBRM」を議論する段階に入った。住民参加の流れと地方分権の流れとが合体し、資源利用に関するルール作りの意思決定過程や手続きが明確化されることになった。もちろん、この過程において国による資源管理や漁業管理との調整が行われた。これはCo-managementへの一過程だと言える。

　国によって違うが、フィリピンでは水産資源管理は統合的沿岸域管理 (Integrated Coastal Management, ICM) の枠組みで運営されている。

発展し続ける地方分権型・住民参加型管理

　JICAの技術協力によってBBBRMCIのキャパシティー・ビルディングが進み、スタッフと漁業者の共同関係が強まった。違法漁業を少なくして、持続的に資源利用をはかる動きが強まった。技術協力の対象となったBBBRMCIは、国・地方自治体と住民との間に介在するMFARMCの連合体であり、Co-managementの発展系であった。比較的狭い範囲のコミュニティーを対象とするCBRMとは性格を異にしていた。

　BBBRMCIの場合、協力関係にあった4町の間で政治レベル、政党レベルの対立関係が生じ、プロジェクト終了後にはBBBRMCIの機能が空洞化していった。地方政治に左右されず、行政的に運営される組織が求められている。また、プロジェクトの活動がコミュニティーに力点を置きすぎた結果、LGU間の連携を強化する課題が弱かった。そのプロジェクト経験をどう引き継ぐかが課題になっている。

　フィリピンのルソン島周辺にはBBBRMCIのような複数のMFARMCで構成される連合組織（Integrated FARMC）が発展している。複数の自治体が利害関係をもつ半閉鎖性水域では、資源管理を担う連合組織が特に必要とされる。この場合、バランガイのBFARMCはコンサルタント機能が中心になり、広域・共同域の資源管理組織の運営のほうを重視している。また、漁業者代表が運営を担っており、政治的影響を極力小さくし、活動の持続性を追求している。BBBRMCIに求められた行政組

織としての持続性をいかに確保するかが実現されようとしている。

　なお、SDGs に対応した JICA 水産課題別指針には、資源管理制度や人材育成の項目が含まれている。プロジェクトを実施する際には、東南アジアはもとより多くの地域で、統合的な沿岸域管理や生態系に依拠した管理 (Eco-system based Management) を取り入れている点を考慮すべき時期にきている。

4. 地域及び住民のニーズにあっていたか

　本書が調査対象とした二つの分野のプロジェクトは、地域のニーズに合致した活動内容であった。対象となる地域住民及び社会の状況を考慮しながら、プロジェクトの枠組みや活動はほぼ標準化されており、他の地域への応用性が高かった。

　種苗生産農家の育成を軸にした淡水養殖普及では、PDM、目標、活動がその「妥当性」において優れていた。農村の貧困削減や栄養改善に貢献しており、さらに、淡水養殖の成長基盤となる種苗生産業を育成したという点で画期的であった。

　水産資源管理の分野では、資源利用者の参加を促しながら、地方自治体のリーダーシップを高める手法が開発された。Co-management と呼ばれる管理手法が、プロジェクト対象地域の実情にあわせて開発されていた点は評価できる。ただ、資源管理の領域では、関係者の利害を調整するのが容易ではなかった。国や地方自治体の政策支援が十分にないままにプロジェクトを実施しても、その成果を持続させるのがきわめて難しいことも明らかになった。

　日本の国際技術協力は、日本及び世界が開発・維持してきた技術やシステムを、開発途上国に移転しやすい標準的なものに換えていけるかどうか、にかかっている。あるいは、先行して実験した別の開発途上国での経験をどう一般化すればよいかである。もちろん、これは標準化したパッケージを一律に移転することを意味するのではない。どう現地に適

合的させ、地域社会及び住民のニーズにあった内容にしていくかという
工夫が求められる。その意味では二つのプロジェクトはいずれも運営マ
ニュアルが作成されており、他への技術移転をしやすい成果を生み出し
ている。この点は高く評価されてよいであろう。

　日本ではアジア開発途上国に技術協力できる水産分野の案件が少なく
なっている。日本の支援対象が、経済成長の著しいアジアからアフリカ
に移るのは当然の流れである。だが、日本の水産業が国際的潮流への対
応力に欠けているのも原因の一つである。アジアから発せられる協力要
請は高度かつ複雑になっており、沿岸域の水産資源管理のような、日本
では十分に経験を積んでいると思われていた分野でも応えられないでい
る、というのが実情であろう。
　水産分野のプロジェクト形成をはかる際には、受入国をとりまく状況
を把握しているかどうかが問われる。水産業のグローバル化の波は、特
に輸出振興に取り組む開発途上国の諸環境を一変させてきた。食品の安
全管理はもとより、環境保全、資源の持続的利用、労働者の人権、社会
貢献など、社会全体に対する「責任ある生産」「責任ある消費」の観点
から産業構造と法制度を組み替える動きが活発になっている。日本より
もはるかに先を走っている国は多い。したがって、日本が貢献できるの
は、急速に力を付けているアジアの水産国が、開発途上にある他のアジ
ア・アフリカ諸国に協力できる枠組みを作ることであろう。こうした
スキームは JICA を始めとする国際援助機関では広く採用されているが、
今後もさらに力を注いでいくことになるであろう。

　日本の国際協力、とりわけ技術協力の分野でどのように貢献できるか
は、成長著しいアジアの水産業とその関連産業、漁村社会の変容をしっ
かりと見据えることからスタートすべきであろう。

註：
1）JICA の HP による課題別の国際協力に冠する紹介。
　https://www.jica.go.jp/activities/issues/fishery/index.html（2019 年 6 月 30 日確認）
2）この箇所の記述は、2015 年から翌年にかけて開催された JICA 水産分野課題別
　指針支援委員会の議論にもとづいている。筆者は委員の一人として参加したが、
　この記述は筆者自身の責任でまとめてある。
3）JICA の SDGs のゴール１４に対するポジションペーパーより引用。
　https://www.jica.go.jp/activities/issues/fishery/ku57pq00002cuc56-att/sdgs_
　goal_14.pdf（2019 年 6 月 30 日確認）
4）周知のように「海洋基本法」第２５条には沿岸域の総合的管理に関する規定が
　あるが、実質的に機能している地域は少ない。2013 年に策定された新たな海洋
　基本計画においては、「沿岸域の再活性化、海洋環境の保全・再生、自然災害へ
　の対策、地域住民の利便性向上等を図る観点から、陸域と海域を一体的かつ総合
　的に管理する取組を推進する」が盛り込まれた。

参考文献：

JICA　水産分野の SDGs ポジションペーパー　（ゴール１、ゴール２、ゴー
ル 14）https://www.jica.go.jp/activities/issues/fishery/index.html

あとがき

　私は長年にわたって大学に所属し、主に農業経済・水産経済を専門に教育研究に従事してきた。私の社会人としての軌跡は、国際協力事業団（JICA、当時）の専門家としてタイの東南アジア漁業開発センター（SEAFDEC）に赴任したところから始まる。以来、タイを拠点に東南アジアでの水産分野の調査研究を手掛けたてきた。

　大学に職を得てからは、海外での調査対象地はタイから東南アジアに広がり、研究テーマも漁村開発から協同組合、資源管理、流通加工、貿易、食品産業、食の安全管理へと拡散していった。自然災害からの復興も大きな関心事になった。こうした多様な事象への関心は、大学に所属しながら、JICAの長短期の専門家としてタイに赴任、アジア・アフリカで実施されている技術協力プロジェクトの現場に評価員として派遣されたことを契機に生まれたものである。現場で日々の業務に真摯に取り組まれているJICA専門家及び関係者、カウンターパートとなる相手国機関や地域住民から様々な点をご教示いただいた。そこで得られた経験や知見は、私の教育研究現場においてとても役にたった。

　ただ、残念ながら技術協力プロジェクトそのものを取り上げて、論文や報告としてまとめることは、日々の業務に忙殺されて果たせなかった。大学の定年退職を間近に控えて、印象に残ったプロジェクトを題材にして何かまとめたいと思い立ち、科学研究費を申請し支援を賜わることになった。国際開発学や国際協力論を専門にしない私が上梓できる内容は限られているが、何かのご参考にしていただければ幸いである。

　本書の後半で取り上げたバナテ湾・バロタックビエホ湾の住民、4町の自治体関係者、資源管理組織であるBBBRMCIの職員、フィリピン大

学ビサヤ校の先生らには、とてもお世話になった。20年という長きに亘って筆者及び院生の調査、学生の体験学習等にお付き合いいただいた。感謝の言葉しかない。今後も持続的な漁村社会であることを願っている。

　本書を出版するにあたり、平成31年度科学研究費助成事業研究成果公開促進費（課題番号19HP5224、代表者:山尾政博）の支援を賜った。出版を快く引き受けていただいた、有限会社北斗書房代表取締役山本義樹様に多大なご迷惑をおかけし、大変お世話になった。記して感謝したい。

　出版するにあたり、私の定年退職を祝っていただいた記念行事企画委員会からも一部ご支援をいただいた。細野賢治先生（広島大学）、矢野泉先生（修道大学）を始めとする諸先生、卒業生・同窓生の皆様には深く感謝する。

　2019年9月
　　　　　　　東広島市西条にて　　　　　　　　　　山尾政博

索　引

図・表・写真一覧

図

表

東南アジア、日本の水産技術協力
—参加と持続性を促すアプローチ—

2020 年 2 月 29 日　初版発行

著　者　　山尾　政博
発行者　　山本　義樹
発行所　　北 斗 書 房
〒132-0024 東京都江戸川区一之江 8 － 3 － 2
電話 03-3674-5241　FAX 03-3674-5244
URL http://www.gyokyo.co.jp

印刷・製本　　モリモト印刷
カバーデザイン　㈱クリエイティブ・コンセプト
ISDN 978-4-89290-053-2　C3063

I部　はじめに
水産物貿易のダイナミズムをみる

II部　貿易と分業に関する潮流
東アジア水産物貿易の潮流

III部　輸出志向型水産業
マグロ関連産業の国際潮流と漁場／
インドネシアのマグロ産業の発展
と対日輸出／フィリピンの水産物
貿易の特徴／日本の水産物輸出の
新たな展開と課題

IV部　輸出志向型水産業
シンガポールにおける魚介類消費
と日系企業の活動／バンコクにお
ける日本食普及の現状

V部　貿易と資源
フィリピンの水産物貿易の特徴／
ワシントン条約における水産物の
管理動向と課題／観賞用魚の国際
物流

山尾政博編著

（山下東子・鳥居享司・天野通子・赤嶺淳共著）

アセアン経済共同体の成立を迎え、東南アジアダイナ
ミックに変化する東アジア、とりわけ東南アジアの水
産物貿易を、さまざまな観点から論じて、この地域で
起きている水産物消費の新しい動き、漁業・養殖業の
生産構造の変化や市場・流通の移り変わりを捉えるこ
とができる。

Ａ５判　並製　本文 217 頁　定価 3,000 円＋税
ＩＳＢＮ978－4－89290－027－3
2014 年 8 月刊